WALTER SCHILLING · STROMRICHTERTECHNIK

STROMRICHTERTECHNIK

Eine Einführung in die Elektrotechnik der Stromrichter

Von

Dr.-Ing. habil. Walter Schilling

**Mit 144 Bildern
und 1 Einschlagtafel**

MÜNCHEN 1950

VERLAG VON R. OLDENBOURG

INHALTSVERZEICHNIS

VORWORT

Das vorliegende Buch möchte einen einführenden Überblick über das Gesamtgebiet der Stromrichtertechnik geben. Dabei sei der Begriff der Stromrichtertechnik eingeschränkt auf die Wirkungsweise und den Bau der Stromrichteranlagen. Das Gebiet der Stromrichter zerfällt nämlich in zwei Teilgebiete: Den Bau der Stromrichtergefäße und den Bau der Stromrichteranlagen. In beiden Teilgebieten werden völlig andere Methoden angewandt: Der Bau der Gefäße verbindet die Physik der Gasentladungen mit der Technologie der Werkstoffe. Der Bau der Anlagen ist eine reine elektrotechnische Aufgabe, wobei der Besitz des Gefäßes mit bestimmten elektrischen Eigenschaften vorausgesetzt ist. Das Buch behandelt die Elektrotechnik der Stromrichteranlagen, die die Grundlage für den Bau der Anlagen bildet.

Der Stromrichter dient zur Umformung der elektrischen Energie, insbesondere zur Frequenzumformung. Das Gebiet der Frequenzumformung umfaßt ganz allgemein die Umformung von Wechselspannung in Gleichspannung, die Umformung von Gleichspannung in Wechselspannung und die Umformung von Wechselspannung einer Frequenz in Wechselspannung einer anderen Frequenz. Alle diese Aufgaben werden seit langem durch umlaufende elektrische Maschinen mit Erfolg bewältigt. In den letzten 30 Jahren tritt nun der Stromrichter als ruhender Umformer in erfolgreichen Wettbewerb mit den umlaufenden Maschinen und es ist von Interesse zu fragen, ob sich denn der Stromrichter, abgesehen von seinen technischen und wirtschaftlichen Vorteilen, in seiner Wirkungsweise so ganz anders verhält, wie die elektrische Maschine, oder ob nicht beiden Umformerarten Grundformen zu Grunde liegen, die das Prinzip der Frequenzwandlung überhaupt betreffen. Es lassen sich in der Tat gemeinsame Grundformen angeben und es werden daher einleitend diese Grundformen aufgezeigt und ihre praktische Verwirklichung im Elektromaschinenbau und Stromrichtertechnik betrachtet. Daran schließt sich dann die eingehendere Betrachtung der Wirkungsweise der Stromrichter.

A. EINLEITUNG

1. Grundformen der Spannungs-Gleichrichtung

a) Grundformen der ein- und zweiphasigen Halbwellengleichrichtung

Ein Gleichrichter hat die Aufgabe, eine Wechselspannung in eine Gleichspannung umzuformen. Er bildet einen Grenzfall der allgemeinen Frequenzumformung, indem die eine Spannung, die Gleichspannung, die Frequenz Null hat.

Eine Wechselspannung kann über einen Transformator in jeder gewünschten Größe einer Wechselspannungsquelle entnommen werden. Wie daraus eine Gleichspannung gebildet werden kann, soll an Hand von Abb. 1 grundsätzlich erläutert werden.

Wir sehen in Abb. 1 einen Transformator T. Die Sekundärseite ist mit den Anschlüssen 1 und 0 an zwei

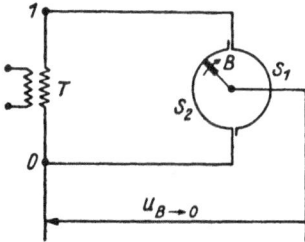

Abb. 1. Grundschaltung zur einphasigen Halbwellengleichrichtung.

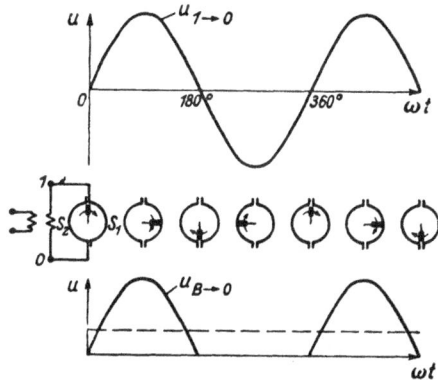

Abb. 2. Spannungsverlauf bei einphasiger Halbwellengleichrichtung. Oben: Wechselspannung. Unten: gleichgerichtete Spannung

Hälften eines geteilten Schleifringes S_1 und S_2 geführt. Zwischen 1 und 0 herrscht die sinusförmige Wechselspannung u_{1-0} nach Abb. 2 oben.

Wir denken uns nun auf dem Schleifring eine Bürste B laufen. Sie befindet sich in Abb. 1 auf dem Ringteil S_2 und soll sich rechts herum bewegen. Es werde die Spannung betrachtet zwischen der Bürste B und dem Anschluß 0 am Transformator, die mit u_{B-0} bezeichnet sei. In der gezeichneten Stellung ist $u_{B-0} = 0$, weil B auf S_2 steht. Wenn die Bürste von S_2 abläuft und auf S_1 aufläuft, ist $u_{B-0} = u_{1-0}$, weil S_1 mit 1 verbunden ist. Wir können also beim Umlauf der Bürste abwechselnd zeitweise die Wechselspannung u_{1-0} oder Null zwischen B und 0 entnehmen.

Eine Umformung der Wechselspannung u_{1-0} in eine gleichgerichtete Spannung u_{B-0} kommt nun unter folgender Bedingung zustande:

1. Die Bürste läuft synchron, d. h. die Umlaufzeit der Bürste ist gleich der Periodendauer der Wechselspannung.
2. Die Bürste befindet sich auf dem Ringteil S_1' gerade während der positiven Halbwelle der Wechselspannung.

Es ergibt sich dann ein Zusammenhang zwischen der Lage der Bürste und dem zeitlichen Verlauf der Wechselspannung in Abb. 2. Die Bürste läuft zu Beginn der positiven Halbwelle im Zeitpunkt $\omega t = 0$ auf den mit dem Anschluß 1 verbundenen Teil S_1 auf und verbleibt dort während der positiven Halbwelle bis $\omega t = 180^0$. Während der anschließenden negativen Halbwelle läuft die Bürste auf S_2, der mit 0 verbunden ist.

Es ergibt sich auf diese Weise eine gleichgerichtete Spannung zwischen Bürste und Anschluß 0 in Abb. 2 unten, die aus der positiven Halbwelle von u_{1-0} besteht. Es ist dies zwar eine gleichgerichtete Spannung, aber mit hoher Welligkeit, d. h. die Schwankung um den Mittelwert, der gestrichelt eingezeichnet ist, ist groß. Man ist daher bestrebt, zu besseren Anordnungen zu kommen, obwohl dieses Schema der Gleichrichtung und die daraus entwickelten praktischen Anordnungen die einfachste Form der Gleichrichtung darstellen.

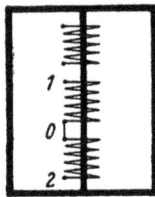

Abb. 3. Schema der Wicklung auf einem Einphasen-Manteltransformator, um sekundär zwei Phasenspannungen zu gewinnen.

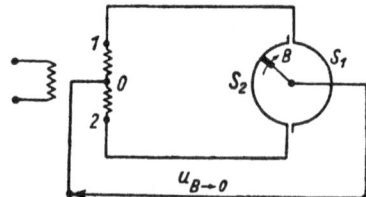

Abb. 4. Grundschaltung zur zweiphasigen Halbwellengleichrichtung.

Man bezeichnet diese Art der Gleichrichtung als einphasige Halbwellengleichrichtung, weil nur die positive Halbwelle einer Wechselspannung zur Bildung der gleichgerichteten Spannung ausgenutzt wird.

Eine Verbesserung der gleichgerichteten Spannung wird erzielt, wenn wir sekundärseitig dem Transformator nach Abb. 3 zur Wicklung 1 — 0 noch eine zweite Wicklung 0 — 2 hinzufügen, so daß zwei entgegengesetzt gleiche Spannungen u_{1-0} und $u_{2-0} = - u_{1-0}$ zur Verfügung stehen. Wenn wir dann die Schleifringteile nach Abb. 4 mit dem Transformator verbinden, so kann zwischen der Bürste B und dem 0-Punkt beim Umlauf der Bürste ersichtlich entweder die Spannung u_{1-0} oder die Spannung u_{2-0} abgegriffen werden. Beide Spannungen sind in Abb. 5 oben in ihrem zeitlichen Verlauf angegeben. Die Bürste möge wieder in der Weise synchron umlaufen, daß sie während der positiven Halbwelle von u_{1-0} auf S_1 ist und während der positiven Halbwelle von u_{2-0} auf S_2. Dann entsteht eine gleichgerichtete Spannung, die aus aneinander stoßenden positiven Halbwellen besteht, wie Abb. 5 unten zeigt.

Solange die Bürste auf S_1 läuft, von $\omega t = 0$ bis $\omega t = 180^0$, kommt die positive Halbwelle von u_{1-0} zur Geltung und solange sie auf S_2 läuft die positive Halbwelle von u_{2-0}. Die Spannungsschwankung der gleichgerichteten Spannung ist jetzt relativ zum gestrichelt einge-zeichneten Mittelwert auf die Hälfte zurückgegangen. Der Mittelwert ist zwar doppelt so groß wie in Abb. 2, was aber bedeutungslos ist, weil ja die sekundäre Transformatorspannung immer so gewählt werden kann, wie die gewünschte Gleich-spannung verlangt.

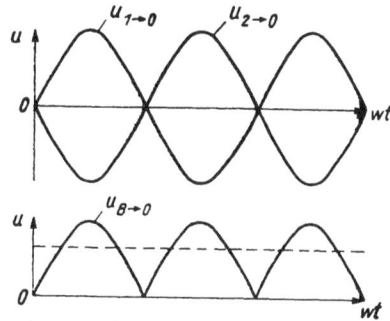

Man bezeichnet diese Art der Gleich-richtung sinngemäß als zweiphasige Halb-wellengleichrichtung, weil die positiven Halbwellen zweier um 180^0 phasenver-schobener Spannungen zur Gleichspan-nungsbildung ausgenutzt werden. Damit

Abb. 5. Spannungsverlauf bei zwei-phasiger Halbwellengleichrichtung. Oben die beiden Phasenspannungen. Unten die gleichgerichtete Spannung.

sind die grundsätzlichen Möglichkeiten der ein- und zweiphasigen Halb-wellengleichrichtung — im Anschluß an eine einphasige Wechselspannungs-quelle — erschöpft. Einer Verbesserung der gleichgerichteten Spannung ist nur durch zusätzliche Drosseln und Kondensatoren, sog. Glättungs-einrichtungen möglich, was später gesondert betrachtet wird. Dagegen bietet der Anschluß an eine Drehstromquelle neue Möglichkeiten.

b) Grundformen der mehrphasigen Halbwellengleichrichtung

Wie eine dreiphasige Wechselspannung grundsätzlich gleichgerichtet werden kann, zeigt Abb. 6 und Abb. 7. Um eine einfache Leitungsführung zu erhalten, ist hier die sekundäre Wicklung des Dreiphasentransformators im Innern des dreigeteilten Schleifringes eingezeichnet. Es handelt sich hierbei ja nur um ein Schema. Die Sekundärwicklung ist in Stern geschaltet und wir betrachten den Spannungsverlauf zwischen dem mit 0 bezeichneten Sternpunkt und der Bürste. Die drei Wicklungsenden 1, 2 und 3 sind mit je einem Teilring ver-bunden. Beim Umlauf verbleibt die Bürste je ein Drittel der Umlaufzeit auf jedem Teilring. Somit werden auch die drei je um 120^0 elektr. phasen-verschobenen Wicklungsspannungen u_{1-0}, u_{2-0} und u_{3-0} der Reihe nach als Spannung der Bürste gegen den Stern-punkt abgegriffen. In Abb. 7 sind diese

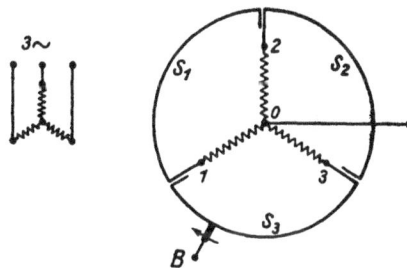

Abb. 6. Grundschaltung zur dreiphasigen Halbwellengleichrichtung.

Spannungen im Liniendiagramm enthalten. Um den günstigsten Verlauf der gleichgerichteten Spannung zu erhalten, denken wir uns die Bürste synchron umlaufen in der Weise, daß sie gerade auf den Segmenten verweilt, während die zugehörige Spannung die Kuppe der positiven Halbwelle durchläuft. Dabei bleibt die Bürste auf dem Ringteil S_1 während der Zeit von $\omega t = 30^0$ bis $\omega t = 150^0$ in Abb. 7, so daß die Spannung u_{1-0} zur Geltung kommt vom

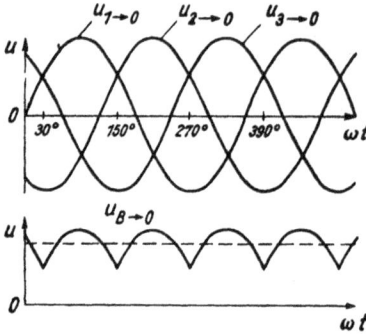

Schnittpunkt mit der in der Phase vorhergehenden Spannung bei $\omega t = 30^0$ bis zum Schnittpunkt mit der in der Phase nachfolgenden Spannung bei $\omega t = 150^0$.

Das gleiche gilt sinngemäß für die beiden anderen Spannungen u_{2-0} und u_{3-0}. u_{2-0} kommt zur Geltung von $\omega t = 150^0$ bis $\omega t = 270^0$ und u_{3-0} von $\omega t = 270^0$ bis $\omega t = 390^0$. Danach wiederholt sich der Vorgang periodisch.

So entsteht eine gleichgerichtete Spannung zwischen Bürste und Sternpunkt in Abb. 7

Abb. 7. Spannungsverlauf bei dreiphasiger Halbwellengleichrichtung. Oben die drei Phasenspannungen. Unten die gleichgerichtete Spannung.

unten, die sich aus aneinandergereihten Kuppen der positiven Sinushalbwellen der drei phasenverschobenen Spannungen zusammensetzt. Wie wir später sehen werden, kann man das auch anders machen, indem man andere Teile der Sinusspannungen auswählt und aneinanderreiht. Aber die Auswahl der Kuppen ergibt die beste gleichgerichtete Spannung hinsichtlich Höhe und vor allem Welligkeit. Die mittlere Spannung ist in Abb. 7 unten gestrichelt eingezeichnet. Wir sehen, daß die Schwankung zwischen dem Höchstwert und Tiefstwert der gleichgerichteten Spannung wieder erheblich zurückgegangen ist gegenüber dem Verlauf in Abb. 5 bei zweiphasiger Gleichrichtung.

Man kann nun leicht noch einen Schritt weitergehen in der Verbesserung der gleichgerichteten Spannung, indem man sich den Transformator nach Abb. 8 sekundär sechsphasig ausgebildet denkt. Von drei auf sechs Phasen auf der

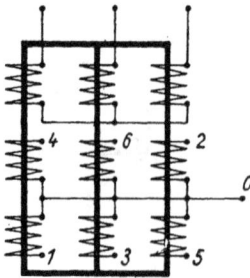

Sekundärseite kann man in einfacher Weise übergehen, indem auf jedem Schenkel des Transformators eine zweite Sekundärwicklung angeordnet wird, deren anderes Ende man an den Sternpunkt anschließt. Um dies zu veranschaulichen, zeigt uns Abb. 8 schematisch den Eisenkern eines Dreiphasentransformators mit den Wicklungen.

Man erhält auf diese Weise zu den ursprünglichen drei sekundären Spannungen auch noch die entgegengesetzt verlaufenden. Die einen sind in Abb. 10 mit u_{1-0}, u_{3-0} und u_{5-0} bezeichnet, die anderen mit u_{2-0}, u_{4-0} und u_{6-0}.

Abb. 8. Schema der Wicklungen auf einem Dreiphasentransformator, um sekundär sechs Phasenspannungen zu gewinnen.

Der Schleifring ist in diesem Fall nach Abb. 9 sechsgeteilt und die Bürste verbleibt während $^1/_6$ der Umlaufzeit, oder $^1/_6$ der Periode bei synchronem Umlauf, auf jedem Ringteil. Wir können dabei jetzt die Kuppen von sechs Phasenspannungen aneinanderreihen zur gleichgerichteten Spannung. Da jede Kuppe nur 60^0 breit ist, so ergibt sich zwischen Bürste und Sternpunkt eine gleichgerichtete Spannung u_{B-0}, deren Welligkeit schon recht gering geworden ist, wie Abb. 10 unten erkennen läßt.

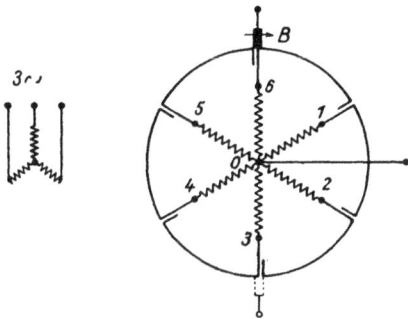

Abb. 9. Grundschaltung zur sechsphasigen Halbwellengleichrichtung.

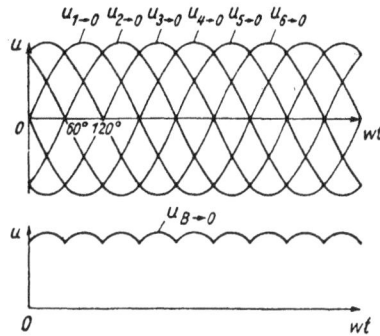

Abb. 10. Spannungsverlauf bei sechsphasiger Halbwellengleichrichtung. Oben die sechs Phasenspannungen. Unten die gleichgerichtete Spannung.

Wir ersehen daraus: Je größer die sekundäre Phasenzahl ist, um so weniger Welligkeit zeigt die gleichgerichtete Spannung. Man kann sich leicht klarmachen, daß eine weitere Steigerung der Phasenzahl von 6 auf 12, 18 usw. schließlich zu einer praktisch glatten gleichgerichteten Spannung führt. Allerdings würden die Transformatorschaltungen recht umständlich werden. Ein Beispiel zeigt Abb. 11 für 12 Phasen. Wir werden später sehen, daß bei der Gleichstrommaschine eine derartige Erhöhung der Phasenzahlen vorliegt. Damit sind grundsätzlich die Möglichkeiten der mehrphasigen Halbwellengleichrichtung gegeben. Wir können hier von Halbwellengleichrichtung sprechen, weil jedesmal nur ein Teil der positiven Halbwelle jeder Spannung benutzt wird.

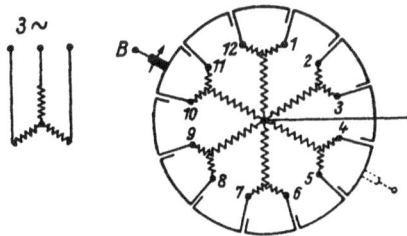

Abb. 11. Grundschaltung zur zwölfphasigen Halbwellengleichrichtung.

Abschließend sei in einer Tabelle die Größe der erzielten mittleren Gleichspannung und der Effektivwert der überlagerten Wechselspannung angegeben, bezogen auf die Phasenspannung bzw. Gleichspannung:

Sekundäre Phasenzahl	Mittl. Gleichspg. / Phasenspg.	Überlagerte Wechselspg. / Mittl. Gleichspg.
1	0,45	1,21
2	0,90	0,48
3	1,17	0,20
6	1,35	0,04
12	1,407	0,01

Wir sehen daraus zahlenmäßig die Abnahme der überlagerten Wechselspannung mit wachsender Phasenzahl.

Man findet diese Zahlen, indem man den Mittelwert der Wechselspannung innerhalb der Einschaltdauer β bildet und auf den Effektivwert bezieht. Die Einschaltdauer liegt im günstigsten Falle symmetrisch zum Höchstwert und hat die Größe $\beta = \dfrac{2\,\pi}{p}$, wenn p die sekundäre Phasenzahl ist. Dann gilt:

$$\frac{\text{Mittelwert der gleichgerichteten Spannung}}{\text{Effektivwert der Phasenspannung}} = \frac{1}{2\,\pi/p} \int\limits_{-\frac{\pi}{p}}^{+\frac{\pi}{p}} \sqrt{2}\,\cos \omega t\, d\omega t$$

$$= \frac{1}{2\,\pi/p}\,\sqrt{2}\,\sin\frac{\pi}{p}.$$

Hiernach errechnen sich die Zahlen der mitteleren Spalte.

Ebenso folgt der Effektivwert der gleichgerichteten Spannung bezogen auf die Phasenspannung:

$$\frac{\text{Effektivwert der gleichgerichteten Spannung}}{\text{Effektivwert der Phasenspannung}} = \sqrt{\frac{1}{2\,\pi/p} \int\limits_{-\frac{\pi}{p}}^{+\frac{\pi}{p}} \left(\sqrt{2}\,\cos \omega t\right)^2 d\omega t}.$$

Die Auswertung dieser Gleichung führt zu den Werten in der dritten Spalte unter Berücksichtigung der Beziehung zwischen effektiver Spannung u_e, Mittelwert u_m und überlagerter Wechselspannung u_w:

$$u_e = \sqrt{u_m{}^2 + u_w{}^2} \quad \text{oder} \quad \frac{u_w}{u_m} = \frac{\sqrt{u_e{}^2 - u_m{}^2}}{u_m} = \sqrt{\left(\frac{u_e}{u_m}\right)^2 - 1}$$

wobei der Bruch unter der Wurzel aus der Division der beiden obigen Ausdrücke entsteht.

c) Grundformen der Vollwellengleichrichtung

Bei den ein- und mehrphasigen Halbwellenschaltungen des vorigen Abschnittes werden nur das Ganze oder Teile der positiven Halbwelle zur Bildung der gleichgerichteten Spannung herangezogen. Wir können nun zur Ausnutzung auch der negativen Halbwellen der Spannungen übergehen. Dazu verwenden wir eine zweite Bürste. Doch führt dies zu einer Verbesserung der gleichgerichteten Spannung nur bei ungradzahliger Phasenzahl, d. h. beim ein- und dreiphasigen Gleichrichter, denn alle weiteren gebräuchlichen Phasenzahlen sind gradzahlig ($p = 6, 12, 24, \ldots$).

Wenn wir beim einphasigen Halbwellengleichrichter nach Abb. 1 eine zweite Bürste anordnen, kommen wir zu Abb. 12. Die Spannung wird zwischen den Bürsten abgenommen, und zwar kann entweder die Spannung u_{1-0} oder die dazu negative Spannung u_{0-1} wirksam werden. Der synchrone Umlauf der Bürsten wird nun zweckmäßig so eingerichtet, daß während der positiven

Halbwelle von u_{1-0} die Bürste B_1 auf S_1 und B_2 auf S_2 läuft und während der anschließenden positiven Halbwelle von u_{0-1} (bzw. der negativen Halbwelle von u_{1-0}) umgekehrt B_1 auf S_2 und B_2 auf S_1. Dann erhalten wir eine gleichge-richtete Spannung, übereinstimmend mit der des zweiphasigen Gleichrichters nach Abb. 5 unten. Während dort die negative Spannung u_{2-0} aus einer zweiten Transformatorwicklung genommen wird, so hier aus der gleichen Wick-lung durch Wechsel der Anschlüsse mittels beider Bürsten. Wir gewinnen also durch die zweite Bürste das gleiche, wie die Ver-dopplung der Phasenzahl: doppelte mittlere gleichgerichtete Spannung bei herabgesetzter

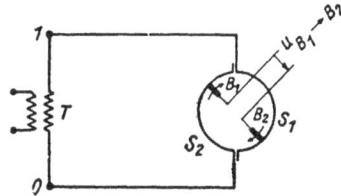

Abb. 12. Grundschaltung der ein-phasigen Vollwellengleichrichtung.

Welligkeit. Wir bezeichnen diese Art der Gleichrichtung als Vollwellen-gleichrichtung, weil die Transformatorwicklung während beider Halbwellen ausgenutzt wird. Wenn wir beim Zweiphasengleichrichter nach Abb. 4 eine zweite Bürste anordnen, ergibt sich nur eine Verdopplung der Spannung, im übrigen ist die Wirkungsweise die gleiche wie beim Einphasenvollwellen-gleichrichter. Durch Nichtbenutzung des Nullpunktes verschwindet hier sozusagen die Zweiphasigkeit.

Beim Dreiphasengleichrichter dagegen führt die Vollwellengleichrichtung mit zweiter Bürste wieder zu einer gleichgerichteten Spannung entsprechend doppelter Phasenzahl.

Die Grundform des Dreiphasenvollwellengleichrichters sehen wir in Abb. 13. Da die beiden Bürsten einander diametral gegenüber angeordnet sind, so laufen sie auf gleichen Ringteilen in zeitlichem Abstand von einer Halbperiode bzw. 180° elektr. Das bedeutet also, wenn die Bürste B_1 während der positiven Kuppen der Wicklungsspannungen die einzelnen Ringteile durchläuft, so ist die Bürste B_2 während der Kuppen der negativen Halbwelle auf den gleichen Ringteilen. Was das für den Spannungsverlauf zwischen den Bürsten bedeutet, übersehen wir am besten, wenn wir uns die Wicklungen aufgeteilt denken nach Abb. 14 in zwei vollkommen gleiche Teile, deren Sternpunkte miteinander verbunden sind. Dann lassen sich auch die Ring-teile aufteilen und jeder Bürste eines der Systeme zuordnen. Da die Ringteile, die vorher ein Stück bildeten, jetzt an parallelen Wicklungen liegen und damit an den gleichen Spannungen, so kann diese Aufteilung an der Wirkungsweise nichts ändern. Wir sehen nun aus dieser

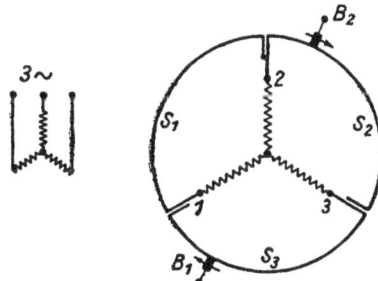

Abb 13. Grundschaltung der drei-phasigen Vollwellengleichrichtung.

Darstellungsweise unmittelbar, daß beim Umlauf jeder Bürste für sich eine gleichgerichtete Spannung gegenüber dem Sternpunkt gebildet wird, wie beim Dreiphasengleichrichter nach Abb. 6. Da nun B_1 während der positiven

Kuppe auf S_1, S_2 und S_3 läuft, so ist die Spannung u_{B1-0} zwischen B_1 und dem Sternpunkt die uns schon bekannte gleichgerichtete Spannung des Dreiphasengleichrichters. Sie ist in Abb. 15 oben wiederholt. Zwischen B_2

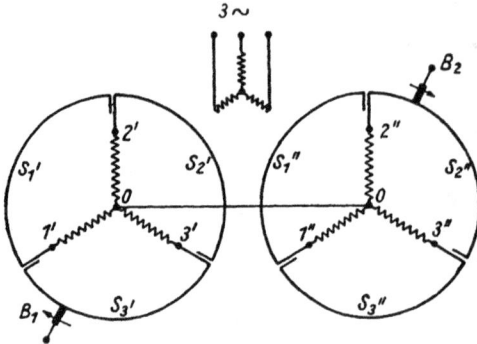

und dem Sternpunkt wird sinngemäß eine negative gleichgerichtete Spannung gebildet, da ja B_2 während der negativen Kuppen der Spannungen auf den Ringteilen läuft. Diese Spannung u_{B2-0} ist in Abb. 15 unten wiedergegeben.

Abb. 14. Auflösung des dreiphasigen Vollwellengleichrichters in die Reihenschaltung zweier dreiphasigen Halbwellengleichrichter.

Aus Abb. 14 ersehen wir nun, daß die Gesamtspannung zwischen beiden Bürsten die Differenz beider Spannungen ist:

$$u_{B1-B2} = u_{B1-0} - u_{B2-0}$$

denn wenn man den Zweig von B_1 bis B_2 verfolgt, so durchläuft man den einen Teilgleichrichter von B_1 zum Sternpunkt und den anderen umgekehrt vom Sternpunkt zur Bürste B_2.

Der Vergleich der beiden gleichgerichteten Spannungen zeigt, daß die überlagerten Wechselspannungen gegeneinander phasenverschoben sind. Dadurch entsteht eine Differenzspannung von geringer Welligkeit, denn die Wechselspannungen heben sich bei der Differenzbildung teilweise auf. Wo die eine Spannung ihre Senkung hat, durchläuft die andere ihre Kuppe. Man kann leicht feststellen, daß eine Gesamtspannung zwischen den Bürsten entsteht, nach Abb. 16 unten, mit der Welligkeit eines Sechsphasengleichrichters.

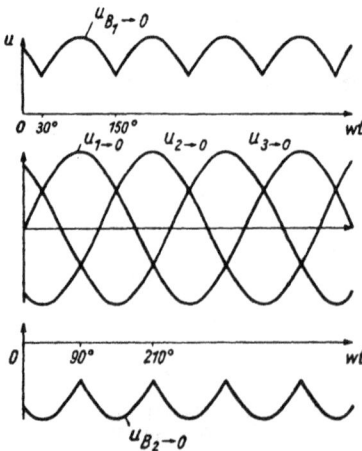

Abb. 15. Spannungsverlauf bei Auflösung der dreiphasigen Vollwellengleichrichtung in die Reihenschaltung zweier Halbwellengleichrichter nach Abb. 14. Mitte die Phasenspannungen, Oben und unten die gleichgerichteten Teilspannungen.

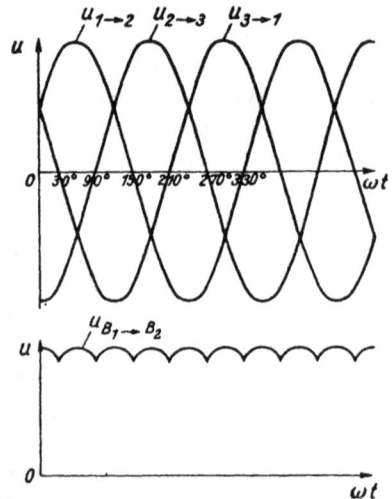

Abb. 16. Spannungsverlauf bei der dreiphasigen Vollwellengleichrichtung. Oben die verketteten Spannungen. Unten die gleichgerichtete Spannung.

Während bei der Einphasenvollwellengleichrichtung abwechselnd die positive oder die negative Halbwelle zur Bildung der gleichgerichteten Spannung herangezogen wird, sind hier dauernd gleichzeitig positive und negative Halbwellen verschiedener Wicklungsspannungen wirksam. Wenn wir dagegen eine Wicklung für sich betrachten, indem wir die Teilwicklungen in Abb. 14 uns wieder vereinigt denken, so kommt jede Wicklung abwechselnd während der positiven oder negativen Kuppe ihrer Spannung zur Wirkung.

Wir können nun den Dreiphasenvollwellengleichrichter nach Abb. 13 auch anders betrachten. Da der Nullpunkt keine unmittelbare Funktion in dieser Anordnung mehr hat, so kann man auch sagen, daß zwischen den Bürsten beim Umlauf unmittelbar die verketteten Spannungen u_{1-2}, u_{2-3} und u_{3-1} abgegriffen werden. (Es können sogar die sekundären Transformatorwicklungen in Dreieck geschaltet sein, und dann wären dies zugleich die Wicklungsspannungen.) Wenn wir den Umlauf der Bürsten an Hand von Abb. 13 näher verfolgen, so finden wir, daß die verketteten Spannungen und ihre Umkehrungen wirksam werden, d. h. sechs Spannungen. Wenn B_1 auf S_1 aufläuft, ist die Spannung zwischen den Bürsten $u_{B1-B2} = u_{1-2}$. Nach einem Weiterlauf entsprechend 60^0 wechselt B_2 von S_2 auf S_3, und es wird u_{1-3} abgegriffen. Ebenso wenn B_1 auf S_2 läuft, ist B_2 zuerst auf S_3 und dann auf S_1, so daß jetzt als Bürstenspannung u_{2-3} und u_{2-1} zur Wirkung kommen. Schließlich wenn B_1 auf S_3 läuft, B_2 auf S_1 und S_2, so daß u_{3-1} und u_{3-2} Bürstenspannung werden. Die drei verketteten Spannungen u_{1-2}, u_{2-3} und u_{3-1} sind in Abb. 16 oben angegeben; sie bilden mit ihren Umkehrungen u_{2-1}, u_{3-2} und u_{1-3} sechs um je 60^0 phasenverschobene Spannungen genau wie beim sekundär sechsphasigen Transformator. Und, da jede dieser Spannungen für 60^0 elektr. wirksam wird, so entsteht auch eine dem Sechsphasengleichrichter entsprechende Spannung, wie Abb. 16 unten zeigt. Die verkettete Spannung übernimmt hier sozusagen die Rolle der Phasenspannung in Abb. 8. Da wir die Phasenspannung in allen Abbildungen gleich groß gezeichnet haben, sind die verketteten Spannungen und die gleichgerichtete Spannung in Abb. 16 um $\sqrt{3}$ größer gezeichnet; doch das hat nur relative Bedeutung.

Mit dieser Betrachtungsweise gewinnen wir also die Gleichrichterspannung direkt, die sich oben als Differenz der beiden Teilspannungen ergab. Doch hat die obige Aufteilung der Anordnung auf zwei dreiphasige Halbwellengleichrichter Bedeutung für die Beurteilung der Wirkungsweise der nach diesem Vorbild aufgebauten praktischen Schaltungen.

Die Vollwellengleichrichtung hat bei den übrigen gebräuchlichen Phasenzahlen keine Bedeutung, sie führt nur, wie gesagt, zur Verdopplung der Spannung. In den Abb. 9 und 11 ist die zweite Bürste gestrichelt angedeutet. Wir können beispielsweise im Anschluß an Abb. 9 leicht übersehen, daß die Spannung zwischen beiden Bürsten doppelt so groß ist, wie u_{B-0} in Abb. 10 unten.

Die gleichen Verhältnisse ergeben sich auch bei der zwölfphasigen Gleichrichtung nach Abb. 11.

Die bisherige Betrachtung zeigte an schematischen Grundformen die Möglich-
keiten der Gleichrichtung von Wechselspannungen. Es soll nun in den folgenden
Abschnitten gezeigt werden, wie sich die praktischen Anordnungen nach dem
Vorbild der Grundformen aufbauen lassen.

2. Gleichrichtung mit Kontakten

**a) Gleichrichtung beim Gleichstromgenerator und Einanker-
umformer**

Das Grundschema der vielphasigen Gleichrichtung nach Abb. 11 kehrt wieder
beim Gleichstromgenerator, und zwar als Vollwellengleichrichtung mit Verwendung zweier Bürsten. Wir wollen uns das am Wirkungsbild in Abb. 17
klarmachen. Der Anker des Gleichstromgenerators — hier der Einfachheit
halber als Ringanker gezeichnet — läuft um in einem Magnetfeld, das durch die
Pole NS angedeutet ist. Dadurch entstehen in allen Wicklungsteilen phasenverschobene sinusförmige Wechselspannungen, deren Vektordiagramm in Abb. 17 rechts oben gezeichnet ist.

Die Verbindungspunkte zwischen den Wicklungsteilen sind an die außen gezeichneten Segmente bzw. Kollektorlamellen 1 — 12 geführt, auf denen die Bürsten laufen. Dabei kommt es nur auf Relativbewegung der Bürsten gegenüber dem Kollektor an,

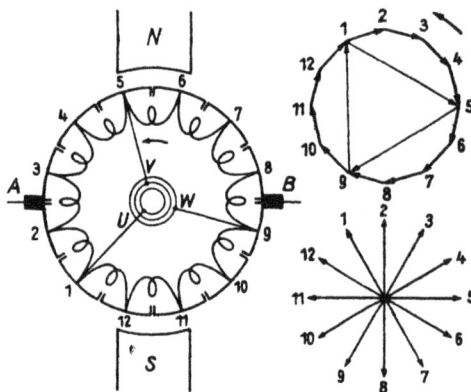

Abb. 17. Wirkungsschema des Einankerumformers.

und es ist für die Wirkungs-
weise bedeutungslos, daß in diesem Falle die Bürsten stillstehen und der
Kollektor umläuft.

Wir können beim Umlauf des Ankers und des damit verbundenen Kollektors
nacheinander die Spannungen zwischen gegenüberliegenden Teilen der Wicklung abgreifen. Das sind bei der gewählten Unterteilung der Wicklung zwölf
phasenverschobene Spannungen, deren vektorielle Lage aus Abb. 17 rechts
unten zu entnehmen ist:

$$u_{1-7}, \ u_{2-8}, \ \text{usw. bis} \ u_{12-6}.$$

Die Bürsten verbleiben für je $1/12$ der Umlaufzeit auf jedem Segment. Es
wird also, da ein voller Umlauf einer Periode der im Anker induzierten
Wechselspannung entspricht, jedesmal ein Stück von $1/12$ Periodendauer der
einzelnen phasenverschobenen Spannungen zur Bürstenspannungsbildung
herangezogen. Bei richtiger Lage der Bürsten wird dieses Stück mit der
Kuppe der Wechselspannungen zusammenfallen.

Wir haben also das gleiche Prinzip der Gleichrichtung wie in der Grundform, denn es ist dafür bedeutungslos, ob die phasenverschobenen Spannungen einer Ankerwicklung entnommen werden, oder einem in zickzackgeschalteten Transformator, wie in Abb. 11. Nur lag beim Transformator die Periodendauer der Spannungen fest, während hier die Periodendauer abhängt von der Drehzahl. Aber zugleich mit der Drehzahl ändert sich auch die relative Umlaufsbewegung der Bürsten. Und während wir für die Grundform die Bedingung aufstellten, daß die Bürsten synchron umlaufen müssen, um die Kuppen der Sinusspannungen abgreifen zu können, ist hier die Relativbewegung sozusagen selbsttätig bei allen Drehzahlen synchron. Nur ändert sich zugleich mit der Drehzahl auch die Höhe der Spannung, was aber auf das Prinzip der Gleichrichtung keinen Einfluß hat.

Wir können also zusammenfassend sagen: Die Erzeugung der Spannung durch Rotation der Ankerwicklungen im Magnetfeld ergibt mehrphasige Wechselspannungen, die beim Gleichstromgenerator durch Kollektor und Bürsten gleichgerichtet werden.

Praktisch ist die Wicklung eines Gleichstromgenerators wesentlich mehr unterteilt, als in Abb. 17 gezeichnet ist. D. h. es handelt sich um die Gleichrichtung vielphasiger Wechselspannungen. Mit wachsender Phasenzahl nimmt die Welligkeit ab. Ein Gleichstromgenerator gibt eine praktisch glatte Gleichspannung ab.

Der Übergang von der Betrachtungsweise der Stromrichtertechnik, wie wir sie hier durchführen, zu der des Elektromaschinenbaues besteht im Grenzübergang von geringer Phasenzahl der verwendeten Spannungen zu sehr großer, praktisch unendlicher Anzahl. Dadurch entsteht für die Betrachtungsweise des Elektromaschinenbaues ein stetiger Spannungsverlauf ohne Welligkeit.

Wenn wir einen Gleichstromgenerator durch einen Drehstrommotor antreiben, so gewinnen wir einen Drehstrom-Gleichstromumformer.

Ein Gleichstromgeneratoranker kann natürlich auch eine Drehzahl haben, bei der die Frequenz der inneren Wechselspannungen gerade gleich der Frequenz des Drehstromnetzes ist. Das ist dann die synchrone Drehzahl im engeren Sinne. Bei dieser Drehzahl können wir auf die Antriebsmaschine verzichten und den Gleichstromgenerator gleichzeitig als Synchronmotor zum Antrieb benutzen. Wir müssen dazu, wie in Abb. 17 gezeichnet, die Wicklung an drei um 120° auseinanderliegenden Punkten an Schleifringe führen. An diesem liegt dann nach dem Vektordiagramm Abb. 17 eine dreiphasige Spannung, genau wie beim Synchronmotor und wir können die auf den Schleifringen laufenden Bürsten direkt oder über einen Transformator mit dem Drehstromnetz verbinden. So kommen wir zum Einankerumformer, dessen Anschlußschema in Abb. 18 enthalten ist. Die Schleifringspannung ist abhängig von der Gleichspannung und daher ist zum Anschluß an ein Dreiphasennetz meist ein Transformator notwendig. .

Der Einankerumformer entnimmt, infolge seiner Eigenschaften als Synchronmotor dem Drehstromnetz gegenüber, diesem einen sinusförmigen Strom. Dabei kann durch Einstellung des Erregerstromes erreicht werden, daß dieser

Strom in Phase mit der Spannung ist, (cos $\varphi = 1$), unabhängig von der Belastung auf der Gleichstromseite. Wir werden später sehen, daß dies für die
nach dem Vorbild der Grundschemen aufgebauten Gleichrichter mit Kontakten
und Ventilen nicht gilt. Hier ist Form und Phasenlage
des drehstromseitigen Stromes abhängig von der Art der
Anordnung einerseits und der Höhe des Belastungsstromes
andererseits.

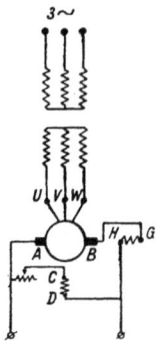

Eine besondere praktische Schwierigkeit der an sich so
einfachen Gleichrichtung bei der Gleichstrommaschine
besteht in der sogenannten Stromwendung: Beim Übergang von einem Segment zum anderen tritt nach Abb. 17
Kurzschluß einer Spule ein. Dabei tritt zugleich ein
Richtungswechsel im Strom durch die Spule ein. In der
Beherrschung der dabei auftretenden induktiven Spannungen durch die Wendepolwicklung $G\,H$ in Abb. 18
besteht das Problem der Stromwendung.

Abb. 18. Anschluß-
schema des Einan-
kerumformers.

b) Gleichrichtung beim Kontaktumformer

Der Einankerumformer und die Gleichstrommaschine benutzen von der Grundform der Gleichrichtung des ersten Abschnittes unmittelbar nur das eine
Element, nämlich Bürste und Kollektor. Die Sekundärseite des Transformators
wird ersetzt durch den im Magnetfeld rotierenden Anker, der gleiche Spannungen hat. Der Kontaktumformer behält demgegenüber den Transformator bei,
ersetzt aber Kollektor und Bürsten durch synchron betätigte Kontakte.
Dabei sind die Kontakte so zu betätigen, daß sie gleiche Verbindungen in
gleichen Zeitabschnitten herstellen. Unter dieser Bedingung lassen sich alle
Gleichrichtergrundformen als Kontaktgleichrichter ausbilden. Wir ersetzen
beispielsweise in Abb. 6 den Kollektor mit der Bürste durch die drei mechanischen Schalter wie Abb. 19 andeutet. Wir sehen hier drei Schalter K_1, K_2
und K_3, die abwechselnd periodisch geschlossen und geöffnet werden durch
die Nockenscheibe N. Das geschieht nach Art der Betätigung von Ventilen
von Verbrennungsmaschinen. Die Nockenscheibe ist gekuppelt mit dem
Synchronmotor M, der vom gleichen Netz gespeist wird wie der Haupttransformator T. Die Nockenscheibe macht in jeder Periode eine Umdrehung
und schließt jeden der Kontakte während $^1/_3$ Periode entsprechend 120° el.
Da die eine Seite des Schalters mit dem Pluspol des Gleichspannungszweiges
verbunden ist, die andere Seite jeweilig mit den Ausgängen der Transformatorwicklungen, so wird der Gleichspannungszweig abwechselnd während $^1/_3$ der
Periode mit je einer der Transformatorwicklungen verbunden. In welchen
Teil der Periode bzw. des Verlaufes der Sinusspannungen u_{1-0}, u_{2-0} und u_{3-0}
der Schließungsbereich des dazugehörigen Schalters fällt, hängt von der Lage
der Nockenscheibe auf der mit dem Synchronmotor gemeinsamen Achse ab.
Man kann die Nockenscheibe so einstellen, daß immer die Kuppe der Sinusspannungen in 120° el. Breite benutzt wird. Dann erhält man am Gleichspannungszweig eine gleichgerichtete Spannung u_{4-0}, die mit u_{B-0} in Abb. 7 unten über-

einstimmt. Das bestätigt uns die Übereinstimmung der Wirkungsweise der Kontaktanordnung in Abb. 19 und der Grundform in Abb. 6. In Reihe mit den Schaltern sehen wir die drei Drosseln D_1, D_2 und D_3 liegen. Ihre Aufgabe ist es, den Stromwechselvorgang von dem sich öffnenden Schalter auf den sich schließenden zu ermöglichen. Wenn wir den gleichgerichteten Strom i_4

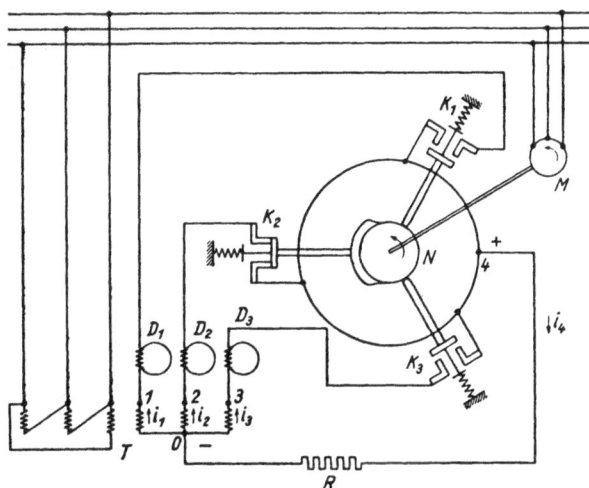

Abb. 19. Wirkungsschema des Kontaktumformers.

nicht unterbrechen wollen, so muß vorm Öffnen eines Schalters, beispiels-weise K_2, der nächste Schalter K_3 geschlossen sein. Das bedeutet aber, daß ein Kurzschluß des Transformators über beide Schalter entsteht, und daß beim Öffnen des Schalters K_2 dieser Strom unterbrochen werden müßte und einen Ausschaltlichtbogen erzeugen würde, was zum Verbrennen des Schalters führen würde.

Hier setzt die Wirkung der Umschaltdrosseln D_1, D_2 und D_3 ein. Der Kurz-schlußstrom des Transformators ist so gerichtet, daß nach Schließen des Schalters K_3 der Strom über diesen ansteigt, der Strom über K_2 nimmt dagegen zunächst ab, weil hier der Kurzschlußstrom dem ursprünglich fließenden Strom entgegengerichtet ist. Der Strom über K_2 wird daher zu Null werden. Der Schalter ist an keine Stromrichtung gebunden und der Kurzschlußstrom kann in umgekehrter Stromrichtung ansteigen. Man könnte nun meinen, daß es einfach wäre, den Schalter im Nulldurchgang des Stromes zu unterbrechen. Die Abschaltung des Stromes genau im Nulldurchgang ist aber mit einem mechanischen Schalter nicht durchzuführen, und außerdem ist dieser Nulldurchgang abhängig von der Höhe des Belastungsstromes. Bei kleinem Belastungsstrom geht der Strom schlagartig auf Null, bei größerem Strom muß der Kurzschlußstrom erst genügend anwachsen. Die Drosseln sind nun dazu da, den Nulldurchgang des Stromes sozusagen zeitlich auszu-dehnen, d. h. sie erzwingen einen Bereich, in dem der Strom während des Umschaltvorganges über den zu öffnenden Schalter verhältnismäßig klein ist, so daß der Schalter ohne Schaden geöffnet werden kann, während der Laststrom schon vom anderen Schalter übernommen worden ist. Dazu werden Drosseln mit Spezialeisenkern mit möglichst rechteckiger Magnetisierungskennlinie benutzt.

Ebenso wie die dreiphasige Schaltung mit Nullpunktsverbindung durch mechanische Schalter, die periodisch betätigt werden, verwirklicht werden kann, lassen sich auch alle anderen behandelten Schaltungen so ausführen. Man bezeichnet sie als Kontaktgleichrichter.

B. DIE WIRKUNGSWEISE DER VENTILGLEICHRICHTER

3. Gleichrichtung mit Ventilen

a) Eigenschaften verlustloser Ventile

Wir haben gesehen, wie die beiden Elemente der Grundformen der Gleichrichtung, Wechselspannungssystem (Transformator) und Umschaltanordnung, beim Einankerumformer und beim Kontaktumformer praktisch ausgeführt werden. Der Gleichrichter mit Ventilen behält den Transformator als das eine Grundelement bei und ersetzt Bürsten und Kollektor, ähnlich wie der Kontaktumformer durch Kontakte, durch Ventile.

Ein Ventil läßt einen Strom nur in einer Richtung (Durchlaßrichtung) durch und bietet für die entgegengesetzte Richtung (Sperrichtung) einen hohen Widerstand. Man bezeichnet die Stromeintrittsstelle mit Anode und die Stromaustrittsstelle mit Kathode.

Elektrotechnisch hat ein verlustloses Ventil folgende Eigenschaften:

1. Der Strom setzt ein zu Beginn positiver Spannung in Richtung Anode-Kathode (Zündung).
2. Der Strom wird unterbrochen, sofern er auf Null zurückgeht und anschließend negative Spannung am Ventil liegt (Löschung)
3. Während der Stromführung tritt kein Spannungsabfall am Ventil auf (Brennspannung ist Null).
4. In der Sperrichtung sperrt das Ventil nur bis zu einer höchstzulässigen Spannung (Sperrspannung).

Als Symbol eines Stromrichtergefäßes mit diesen Eigenschaften sei ein Dreieck gewählt, dessen Spitze in Stromrichtung zeigt. Durch Zusätze soll später die einzelne Stromrichterart hervorgehoben werden.

Wenn wir rückblickend die bisher betrachtete Art der Gleichrichtung charakterisieren wollen, so handelt es sich dabei um eine reine Spannungsgleichrichtung. Das heißt durch die Kontakte werden die Kuppen der Sinusspannungen herausgegriffen und zur gleichgerichteten Spannung zusammengesetzt. Dabei kann ganz abgesehen werden vom Strom. Es stellt sich zwar ein gleich-

gerichteter Strom als Folge der gleichgerichteten Spannung ein, aber an sich
sind die Kontakte an keine Stromrichtung gebunden. Und wie im Abschnitt
über die Regelung gezeigt wird, kann ebensogut die umgekehrte Stromrichtung
zustande kommen. Man kann daher von reiner Spannungsgleichrichtung
sprechen und diese ganz unabhängig von der Art der Belastung betrachten.
Demgegenüber ist das Ventil an eine eindeutige Stromrichtung gebunden
und es kann überhaupt von einer Gleichrichtung nur gesprochen werden,
wenn ein Strom fließt. Man könnte hier von einer Stromgleichrichtung
sprechen. Aber es zeigt sich, daß abgesehen vom Gebiet der Batterieladung
die Gleichrichtung mit Ventilen auch auf eine Spannungsgleichrichtung
führt. Die Gründe dafür liegen in den Zündeigenschaften der Ventile, denn
es wird sich zeigen, daß der Beginn positiver Spannung und damit Zündung
des Ventiles mit dem Schließungszeitpunkt der Kontakte vergleichbar ist.
Andererseits bewirkt die Zündung eines Ventiles die Löschung des vorher
stromführenden, so daß sich eine Stromführungszeit jedes Ventiles ergibt,
die mit der Schließungsdauer der Kontakte zusammenfällt.
Das soll im einzelnen für die nach dem Vorbild der Grundformen aufgebauten
Ventilgleichrichter aufgezeigt werden.
Es gibt sogenannte Einanodenventile, die nur eine Kathode und Anode
besitzen, und Mehranodenventile, die eine Kathode und mehrere Anoden aufweisen. Die Ventile unterscheiden sich nach ihrer Bauart als Trockenventile
und Gasentladungsventile. Die Gasentladungsventile unterscheiden sich
wieder je nachdem, ob das Gefäß aus Glas oder Eisen besteht einerseits,
und andererseits, ob die Kathode eine Glühkathode mit Fremdheizung oder
Quecksilberkathode mit Erregerlichtbogen ist. Über die Anwendungsbereiche
wird im Abschnitt 8 gesprochen.

b) Mehrphasige Halbwellen-Gleichrichter

Auf Grund dieser Eigenschaften der Ventile können wir jede der Gleichrichtergrundformen durch eine Ventilanordnung verwirklichen. So zeigt uns
Abb. 20 den dreiphasigen Ventilgleichrichter nach dem Vorbild der Grundform
in Abb. 6. Die Ringteile S_1, S_2, S_3 mit der Bürste B sind durch die Stromrichter S_1, S_2 und S_3 ersetzt worden.
Wir nehmen einen Ohmschen Belastungswiderstand R an, da zur
Wirkungsweise der Ventilgleichrich-
tung ein Belastungsstrom gehört.
Die Anordnung in Abb. 20 führt
zu einer gleichgerichteten Spannung, übereinstimmend mit der in
Abb. 7, die für die Grundform in
Abb. 6 gilt.
Wir können das am besten verstehen, wenn wir den Einschaltvorgang des Ventilgleichrichters

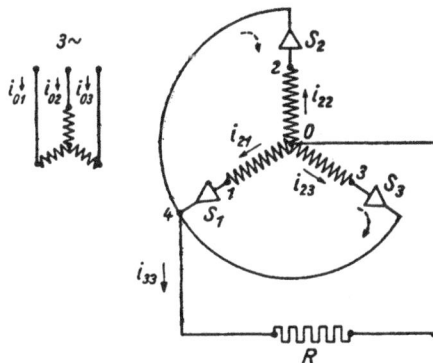

Abb. 20. Schaltbild des dreiphasigen Einweg-
Ventilgleichrichters.

nach Abb. 20 verfolgen. Wir nehmen einmal an, es werde drehstromseitig die Spannung an den Transformator gelegt, und zwar zu einem Zeitpunkt, in dem beispielsweise die Spannung an der zweiten Sekundärwicklung u_{2-0} gerade ihr Maximum hat. Abb. 21 zeigt die drei Transformatorspannungen u_{1-0}, u_{2-0} und u_{3-0}. Die Spannung u_{2-0} hat ihr Maximum bei $\omega t = 210^0$, zu diesem Zeitpunkt sind die anderen beiden Spannungen u_{1-0} und u_{3-0} negativ, wie aus Abb. 21 ersichtlich. Diese Spannungen liegen nach Abb. 20 auch an den zugehörigen Ventilen, da der Widerstand beim Einschalten stromlos ist. Da nun ein Ventil nur bei positiven Spannungen zünden kann, so zündet nur das Ventil S_2. Es führt nach der Zündung einen Strom:

$$i_{22} = \frac{u_{2-0}}{R}$$

d. h. der Strom folgt der Phasenspannung.

Während an dem gezündeten stromführenden Ventil kein Spannungsabfall auftritt, liegt jetzt an den beiden anderen Ventilen eine erhöhte negative Spannung. Da die Ventile kathodenseitig im Punkte 4 miteinander verbunden sind, liegt nämlich an jedem Ventil die Differenz der zugehörigen Transformatorspannung mit der des gerade stromführenden Ventiles. Durch die Stromführung eines Ventiles wird sozusagen der Verbindungspunkt 4 mit der dem Ventil zugehörigen Transformatorwicklung verbunden. Also an S_1 liegt jetzt $u_{1-0} - u_{2-0}$ und an S_3 liegt $u_{3-0} - u_{2-0}$. Diese Spannung ist im weiteren Verlauf der Spannungen solange negativ, bis u_{3-0} bzw. u_{1-0} die Spannung u_{2-0} im Positiven schneidet. Das ist nach Abb. 21 bei $\omega t = 270^0$ der Fall, hier schneidet u_{3-0} die Spannung u_{2-0} und damit wird $u_{3-0} - u_{2-0}$ Null und würde weiterhin positiv werden. Das führt aber sofort zur Zündung des Ventiles S_3 und nun setzt der oben erwähnte Ablösungsvorgang der Ventile in der Stromführung ein, der dem Ventilgleichrichter die Eigenschaften der Spannungsgleichrichter nach dem Vorbild der Grundform erteilt.

Wenn das Ventil S_3 zündet, solange S_2 noch Strom führt, entsteht nach Abb. 20 ein Kurzschluß des Transformators. Der Kurzschlußtrom fließt von 3 über S_3, 4, S_2 nach 2 und über 0 nach 3 zurück. Da u_{3-0} zu diesem Zeitpunkt größer wird als u_{2-0} so fließt der Kurzschlußstrom in der bezeichneten Richtung. In Abb. 20 ist seine Richtung durch einen gestrichelten Rundpfeil

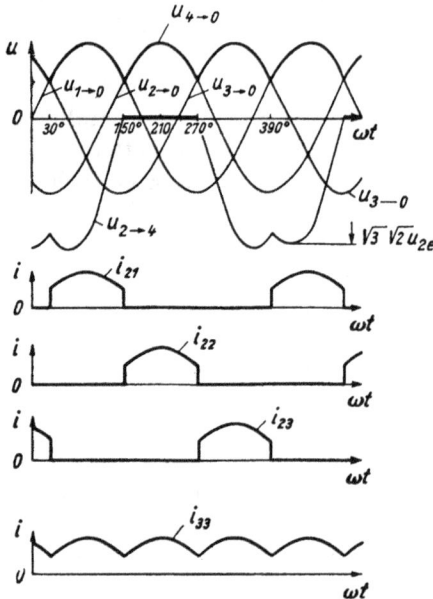

Abb. 21. Spannungs- und Stromverlauf bei dreiphasiger Einwegventilgleichrichtung. Oben Phasenspannungen, eine Ventilspannung und die gleichgerichtete Spannung. Mitte die Ventilströme. Unten der gleichgerichtete Strom.

angedeutet. Dieser Strom fließt aber im Sinne der Durchlaßrichtung von S_3 und entgegen der Durchlaßrichtung von S_2. Letzteres klingt widersinnig. Aber wir müssen bedenken, daß über S_2 ja noch der Belastungsstrom fließt und daß sich der Kurzschlußstrom diesem überlagert. Er bewirkt dadurch, daß der Gesamtstrom über S_2 Null wird und sogar negativ würde, wenn nicht die Ventilwirkung vorhanden wäre, so daß' der Strom im Nulldurchgang löscht und das Ventil dann sperrt. Der Kurzschlußstrom kann also gerade so hoch ansteigen, wie der Belastungsstrom über S_2 vorher war, dann löscht S_2 und S_3 führt allein einen Strom in Höhe des Belastungsstromes. Der Belastungsstrom ist damit sozusagen von S_2 auf S_3 übergegangen. Der unmittelbare Kurzschluß des Transformators hat einen steilen Anstieg des Kurzschlußstromes zur Folge. Daher vollzieht sich dieser Ablösungsvorgang in relativer kurzer Zeit, so daß praktisch ein steiler Anstieg und Abfall des Stromes über die Ventile zustandekommt.

Wenn man den Stromverlauf im Zeitmaßstab und Strommaßstab stark vergrößert aufzeichnet, so erhält man Abb. 22. Hier ist gestrichelt eingezeichnet, wie der Strom infolge des Kurzschlusses weiter ansteigen würde, wenn nicht die Löschung im Nulldurchgang erfolgt.

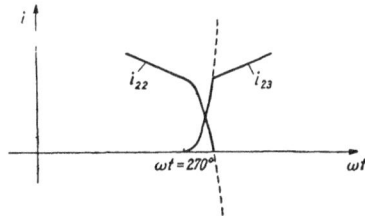

Der Strom über S_3 und damit zugleich der Belastungsstrom ist jetzt der Spannung u_{3-0} proportional, die ihre Kuppe durchläuft.

Abb. 22. Stromverlauf bei Ablösung aufeinanderfolgender Ventilströme.

Man kann nun leicht aus Abb. 20 entnehmen, daß alles für S_2 Gesagte nunmehr für S_3 gilt. S_3 kann den Strom solange führen bis wieder ein anderes Ventil positive Spannung erhält und das ist bei $\omega t = 390^0$ für S_1 der Fall. Hier überschneidet die Spannung u_{1-0} die Spannung u_{3-0} und es spielt sich ein Ablösungsvorgang in der Stromführung zwischen S_1 und S_3 ab, genau wie oben für den Vorgang von S_2 auf S_3 betrachtet. S_1 übernimmt den Strom, der jetzt proportional u_{1-0} verläuft, bis der Strom wieder von S_2 übernommen wird.

So entsteht über die einzelnen Ventile ein Strom, wie in Abb. 21 gezeichnet. Da die Schnittpunkte aufeinanderfolgender Spannungen 120^0 el. voneinander entfernt sind, so ergibt sich eine Stromführungsdauer von 120^0 el.

Die einzelnen aneinanderschließenden Ströme lassen sich zusammensetzen zum gesamten Belastungsstrom und es entsteht auf diese Weise der Strom in Abb. 21 unten. Dieser ist den Kuppen der Spannungen proportional die in Abb. 21 oben stark hervorgehoben sind und somit entsteht dieser Spannungsverlauf am Widerstand. Es entsteht also unmittelbar eine gleichgerichtete Spannung, die mit der der Grundform in Abb. 7 übereinstimmt.

Zusammenfassend können wir sagen: Zündung und Löschung der Ventile im Schnittpunkt aufeinanderfolgender Phasenspannungen bewirken, daß immer nur ein Ventil mit einer Stromführungsdauer von 120^0 stromführend ist. Dadurch wird während der positiven Kuppen der zugehörigen Sinus-

spannungen eine Verbindung zwischem dem Gleichstromzweig und den
einzelnen Transformatorwicklungen geschlossen, und es entsteht eine gleichgerichtete Spannung, die sich aus diesen Kuppen zusammensetzt.

Während bei den Gleichrichter-Grundformen sowie dem Gleichstromgenerator
und Kontaktumformer die Bürsten bzw. Kontakte in ihrer Bewegung auf dem
Kollektor bzw. in ihrer Kontaktgabe willkürlich so eingestellt werden müssen,
daß die Verbindung zwischen Gleichstromzweig und Transformatorwicklung
während der Kuppen der Sinusspannungen gewährleistet wird, kommt beim
Ventilgleichrichter dies sozusagen ganz natürlich zustande vermöge der
Zünd- und Löscheigenschaften der Ventile im Zusammenwirken mit den Bedingungen der Schaltung.

Beim Übergang auf höhere Phasenzahlen der Sekundärspannungen des Transformators bleibt das grundsätzliche Verhalten der Ventile das Gleiche, nur
die Stromführungsdauer wird verkürzt.

So kann man nach dem Vorbild der Grundform in Abb. 9 einen sechsphasigen Gleichrichter aufbauen, wie ihn Abb. 23 zeigt.
Hier ist wieder jeder Transformatorwicklung ein Ventil zugeordnet und die Kathoden der Ventile sind im Pluspol der Gleich-
stromzweige miteinander verbunden. Es
ist wieder ein ohmscher Belastungswiderstand angenommen. Die einzelnen Ventile führen Strom während der Kuppen
der zugehörigen Phasenspannungen. Die
Stromführungsdauer ist dabei 60⁰ el, entsprechend dem Abstand der Schnittpunkte
aufeinanderfolgender Phasenspannungen
in diesem Falle. Abb. 24 zeigt oben
die sechs Phasenspannungen und stark
hervorgehoben die entstehende gleichgerichtete Spannung und darunter die sechs
Ventilströme.

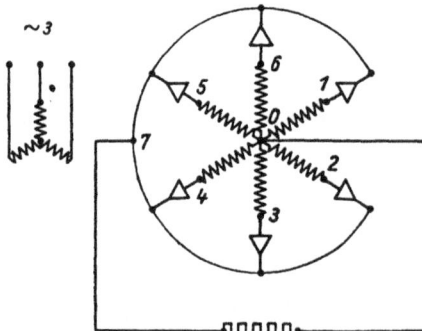

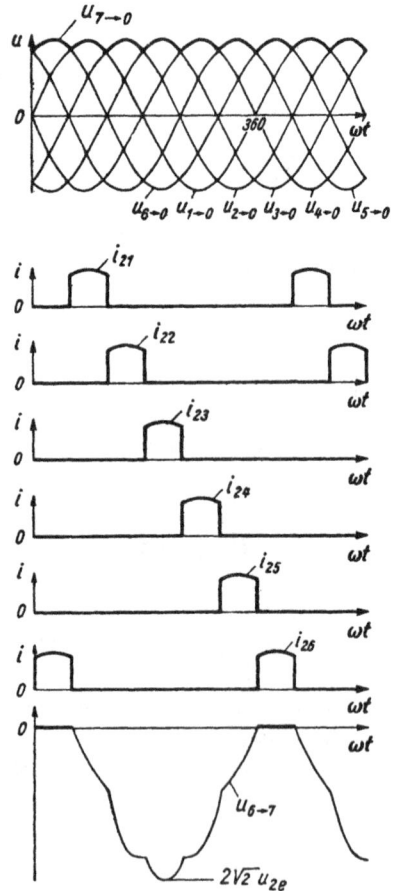

Abb. 23. Schaltbild des sechsphasigen
Einwegventilgleichrichters.

Abb. 24. Spannungs- und Stromverlauf bei sechsphasiger Einwegventilgleichrichtung. Oben die Phasenspannungen und die gleichgerichtete Spannung. Mitte die Ventilströme. Unten
eine Ventilspannung.

Man kann statt einzelner Ventile ein mehranodiges Gefäß benutzen, sozusagen ein Mehrfachventil. Abb. 25 zeigt, wie das Schaltschema des Dreiphasengleichrichters mit mehranodigem Gefäß aussieht. Das ist der übliche Fall bei größeren Leistungen.

Es bietet dem Verständnis nun keinerlei Schwierigkeiten, sich den Übergang auf noch höhere Phasenzahlen beim Ventilgleichrichter vorzustellen, beispielsweise nach dem Vorbild der Zwölfphasenschaltung in Abb. 11.

Solche Schaltungen sind aber praktisch nicht gebräuchlich, denn die relative notwendige Typenleistung der Transformatoren ist zu hoch und die Beanspruchung der Ventile ungünstig durch die kurze Stromführungsdauer. Hier sind die im folgenden behandelten Anordnungen mit Stromteilung überlegen.

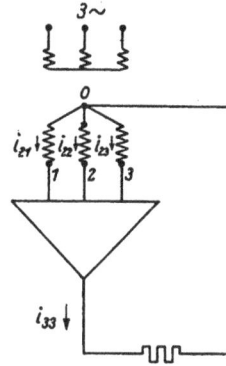

Abb. 25. Schaltbild des dreiphasigen Einwegventilgleichrichters mit einem mehranodigen Gefäß (Mehrfachventil).

Die Beanspruchung der Ventile in der betrachteten Schaltung ist charakterisiert durch den Mittelwert und Spitzenwert des Stromes, sowie durch die höchste Sperrspannung. Jedes Ventil muß in diesen Schaltungen während seiner Stromführungszeit den vollen gleichgerichteten Strom führen. Der mittlere Strom je Ventil ist dann $1/3$ oder $1/6$ des mittleren Gleichrichterstromes je nach der Phasenzahl.

Die höchste Sperrspannung ergibt sich aus dem Verlauf der Spannung zwischen Anode und Kathode, wie er in Abb. 21 oben, mit u_{2-4} bezeichnet, und in Abb. 24 unten mit u_{6-7} bezeichnet wiedergegeben ist.

Ganz allgemein findet man den Verlauf der Spannung Anode—Kathode durch Bildung der Differenz der zugehörigen Phasenspannung mit der gleichgerichteten Spannung. Die Anode eines Ventiles hat gegen den Transformatornullpunkt die zugehörige Phasenspannung, die gemeinsame Kathodenverbindung aller Ventile hat gegen den Transformatornullpunkt die gleichgerichtete Spannung. Daher ist die Differenz beider die Spannung Anode gegen Kathode.

Wenn wir die Differenz in Abb. 21 verfolgen, so entsteht die gezeichnete Spannung u_{2-4}. Sie ist während der Brennzeit, von $\omega t = 150^0$ bis $\omega t = 270^0$ Null bzw. gleich der hier vernachlässigten Brennspannung und geht dann ins Negative. Hier prägt sich bei $\omega t = 390^0$ der Einschnitt in der gleichgerichteten Spannung zwischen den beiden anderen Anoden aus infolge des Wechsels der Stromführung. Zu Beginn der neuen Stromführungszeit bei $\omega t = 150^0 + 360^0$ strebt die Ventilspannung ins Positive, was zur Zündung des Ventiles führt. Ebenso finden wir aus der Differenz der Sinusspannung u_{6-0} mit der gleichgerichteten Spannung u_{7-0} in Abb. 24 oben den Verlauf der Spannung Anode 6 gegen Kathode, 7, in Abb. 24 unten.

In diesem Falle prägt sich bei $\omega t = 60, 120, 180$ und 240^0 der Stromführungswechsel der übrigen fünf Ventile aus.

In Abb. 21 und 24 ist der negative Spitzenwert bezogen auf die effektive Phasenspannung angegeben. Wir können aber auch den Spitzenwert auf die mittlere gleichgerichtete Spannung beziehen und finden dann, daß er das 2,1-fache dieser Spannung ist.

Bei den Schaltungen mit sehr hoher Phasenzahl wird die Sperrspannung auf das 2-fache der mittleren gleichgerichteten Spannung zurückgehen, also praktisch der gleiche Wert.

Wir haben gesehen, daß alle drei Gleichrichterarten: Gleichstromgenerator bzw. Einankerumformer, Kontaktgleichrichter und Ventilgleichrichter grundsätzlich die gleiche Wirkungsweise aufweisen. Als wesentlicher Unterschied ergab sich der Stromwechselvorgang beim Überlaufen der Bürsten von einem zum anderen Kollektorsegment, beim Wechsel in der Stromführung der Stromrichtergefäße und beim Schließen und Öffnen der Schalter.

Wir müssen daher später in einem besonderen Abschnitt diese Vorgänge näher untersuchen, zumal sie die Grundlage für die genauere Berechnung der Gleichrichter bilden.

Ein weiterer Unterschied besteht darin, daß der vom speisenden Netz aufgenommene Wechselstrom des Einankerumformers rein sinusförmig ist und in seiner Phasenlage unabhängig davon, wie die Belastung auf der Gleichstromseite ist. Beim Ventilgleichrichter und Kontaktgleichrichter dagegen ist der Wechselstromverlauf, wie noch gezeigt wird, von der besonderen Schaltung abhängig und in der Phasenlage durch die Höhe der Belastung bestimmt. Der Kontaktgleichrichter zeichnet sich durch kleine Verluste aus. Der metallische Kontakt ist ja ohne wesentliche Spannungsabfälle. Damit hängt zusammen, daß der Kontaktgleichrichter bevorzugt ist für das Gebiet kleiner gleichgerichteter Spannungen bei hohen Strömen.

Wir haben hier die Ventilgleichrichter mit Einanodenventilen gezeichnet. Man kann sie aber ebensogut mit Mehranodenventilen verwirklichen, wie beispielsweise Abb. 25 für den Dreiphasengleichrichter zeigt im Anschluß an Abb. 20.

c) Dreiphasen-Vollwellen-Ventilgleichrichter

An der dreiphasigen Grundform mit zwei Bürsten nach Abb. 13 haben wir gesehen, daß sie sich auffassen läßt als die Reihenschaltung zweier einfacher Dreiphasengleichrichter nach Abb. 6. Das veranschaulichte uns Abb. 14 und 15. Es zeigte sich, daß die beiden Dreiphasengleichrichter bezogen auf den Sternpunkt des Transformators umgekehrte Polarität der gleichgerichteten Spannung aufwiesen.

Wenn wir nun nach diesem Vorbild einen Ventilgleichrichter aufbauen, so können wir umgekehrt von zwei Dreiphasengleichrichtern ausgehen. Diese müssen aber dann sinngemäß für umgekehrte Stromrichtungen sein. Das zeigt uns Abb. 26. Links ist der uns schon aus Abb. 20 vertraute dreiphasige Ventilgleichrichter und rechts der gleiche nur für umgekehrte Stromrichtung. Beide Teilgleichrichter sind über die Nullpunkte der Transformatorwicklungen in Reihe geschaltet.

Wir denken uns die Reihenschaltung der beiden Teilgleichrichter mit dem doppelten Widerstand belastet wie die ursprüngliche Schaltung in Abb. 20 und von der Mitte des Widerstandes nach dem gemeinsamen Sternpunkt die gestrichelte Verbindung gezogen. Dann sind die Ströme und die gleich gerichtete Spannung des linken Teilgleich-richters übereinstimmend mit Abb. 21. Der rechte Teilgleichrichter dagegen gibt negative Spannung und negativen Strom ab, genau gleicher Form wie Abb. 27 zeigt. In Abb. 26 sind die Teilgleichrichter im richtigen Sinne in Reihe geschaltet, so daß sich die Spannungen summieren und die gleichgerichteten Ströme in gleicher Rich-tung fließen. Der genaue Vergleich der

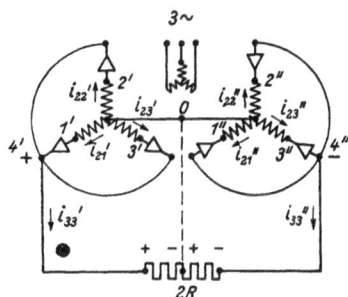

Abb. 26. Aufbau des dreiphasigen Vollweggleich-richters aus der Reihenschaltung zweier Einweg-gleichrichter nach dem Vorbild der Grundschaltung in Abb. 14.

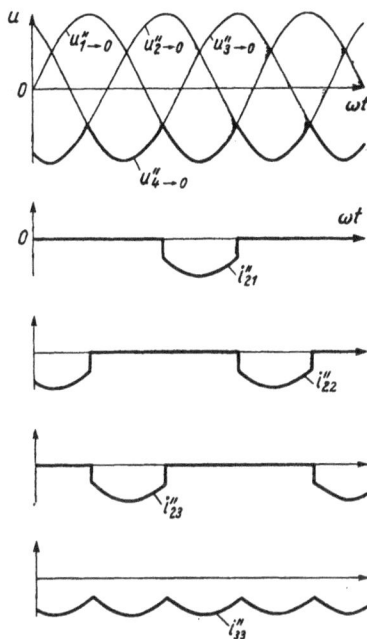

Abb. 27. Spannungen und Ströme des rechten Einweggleichrichters in Abb. 26.

Abb. 21 und 27 zeigt aber, daß die Welligkeit der beiden gleichgerichteten Spannungen in der zeitlichen Lage nicht übereinstimmt. Wenn wir daher in Abb. 26 die gestrichelte Verbindung lösen, so kann das nicht geschehen, ohne eine Änderung des Stromverlaufes zu bewirken. Die Differenzspannung $u_{4'-4''}$ die in Abb. 28 unten wiedergegeben ist, zeigt die geringe Welligkeit eines sechsphasigen Gleichrichters. Höhen und Tiefen der beiden gleich-gerichteten Spannungen gleichen sich teilweise aus. So entsteht ein gemein-samer Strom i_{33}, den Abb. 28 an zweiter Stelle zeigt, und demgemäß sind auch die einzelnen Ventilströme verändert. Es prägt sich in ihnen auch die ver-ringerte Welligkeit der gleichgerichteten Spannung aus. In Abb. 28 sind unten zwei Ventilströme gezeichnet, die zu Transformatorwicklungen auf gleichem Schenkel gehören.

Diese kleine Änderung des Ventilstromes ändert nichts an den Zünd- und Löschbedingungen der Ventile, die gemäß den Dreiphasengleichrichtern bleiben. Die Stromführungsdauer bleibt ungeändert $1/3$ Periode.

Da die beiden Transformatorwicklungen vollkommen gleiche Spannungen abgeben, so kann man sie zusammenfassen und kommt dann zum Schalt-

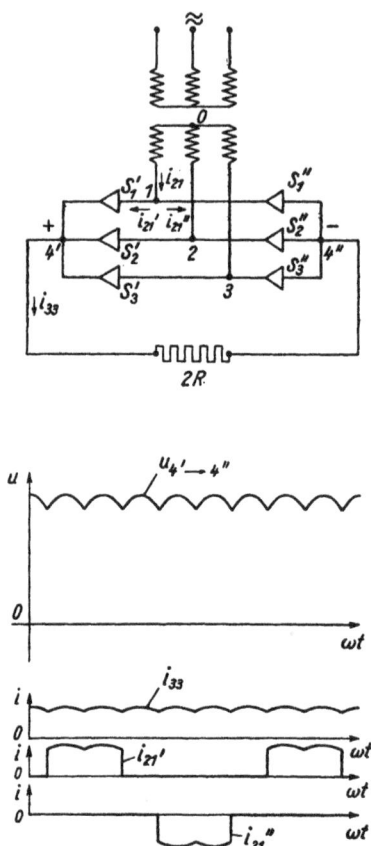

Abb. 28. Schaltbild des dreiphasigen Vollweggleichrichters, Spannungen und Ströme.

schema in Abb. 28 oben in gebräuchlicher Darstellung. Man erkennt auch hier noch die beiden dreiphasigen Gruppen.

Charakteristisch für diese Anordnung ist außer daß die gleichgerichtete Spannung die Welligkeit des sechsphasigen Einweggleichrichters aufweist auch, daß die Sperrspannung der Ventile relativ zur mittleren gleichgerichteten Spannung halb so groß ist wie beim Dreiphaseneinweggleichrichter für gleiche gleichgerichtete Spannung. Daher können wir hier von Spannungsteilung sprechen. Der Sperrspannungsverlauf ist übereinstimmend mit dem des Dreiphasengleichrichters in Abb. 21.

Infolge der relativen Herabsetzung der Sperrspannung ist diese Schaltung bevorzugt bei der Verwendung von Trockengleichrichtern. Da das Trockengleichrichterventil doch meist aus der Reihenschaltung mehrerer Elemente besteht, so bedeutet die Aufteilung auf sechs Ventile keine Erhöhung des ohnedies notwendigen Aufwandes und man hat andererseits den Vorteil geringerer Welligkeit der gleichgerichteten Spannung bei Verwendung eines einfachen Dreiphasentransformators mit normaler Sekundärwicklung.

Die Schaltung läßt sich aber nur für Einzelventile durchführen, da nur für die linke Gruppe die Kathoden verbunden sind und Verwendung von mehranodigen Gefäßen entsprechend Abb. 25 ist nicht möglich.

Diese Schaltung ist andererseits die bevorzugte Schaltung für Höchstspannungsgleichrichter, die sowieso als Einanodenventile gebaut werden und wo man auch auf eine, bezogen auf die Gleichspannung, niedrige Sperrspannung Wert legt. Daher wird diese Schaltung für die Gleichspannungs-Hochspannungsübertragung angewendet, wo gegebenenfalls auch mehrere Ventile in Reihe liegen, um die Sperrspannung zu bewältigen.

d) Stromteilung durch Anodendrosseln

Während die Spannungsteilung zu einer relativen Herabsetzung der Sperrspannungsbeanspruchung jedes Ventiles führt, sucht man durch Stromteilung die Ströme je Ventil herabzusetzen. Beide Maßnahmen führen zu einer Verdopplung der Ventile.

Man könnte zunächst daran denken, die Ventile einfach parallel zu schalten, indem man Anode mit Anode und Kathode mit Kathode verbindet. Damit ist aber eine Aufteilung des Stromes nicht zu erreichen, jedenfalls nicht bei Gasentladungsventilen aus folgendem Grunde: Jedes Ventil hat eine gewisse Zündspannung, die überschritten werden muß, ehe es zündet. Diese liegt in der Regel etwas höher als der Spannungsabfall bei Stromführung, die Brennspannung. Das bedeutet aber, daß bei parallelgeschalteten Ventilen das eine Ventil keine genügende Zündspannung mehr erhält, wenn das andere bereits gezündet hat und umgekehrt. Da es kleine Unterschiede in der Zündspannung leicht gibt, so hat man immer damit zu rechnen, daß ein Ventil zuerst zündet. Somit ergibt sich, daß man in Reihe mit den Ventilen noch Widerstände legen muß, um auch nach erfolgter Zündung noch eine genügende Spannung zum Zünden für das parallele Ventil zu haben. Am einfachsten ist es, einen ohmschen Widerstand zu wählen, wie Abb. 29 links zeigt. Nach erfolgter Zündung des Stromrichters S_1 verursacht der Strom eine Spannung an R_1, so daß S_2 an einer Spannung liegt, die gleich der Brennspannung von S_1 zuzüglich der Span-

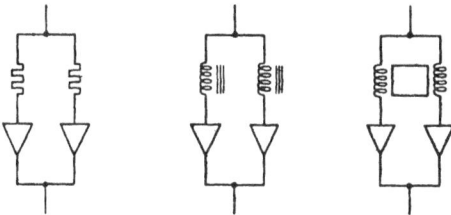

Abb. 29. Parallelschalten von Ventilen mittels vorgeschalteter Ohmscher Widerstände oder Drosseln.

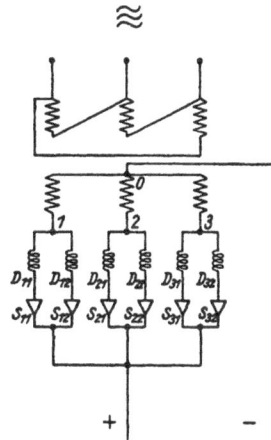

Abb. 30. Dreiphasiger Einweggleichrichter mit durch Drosseln parallelgeschalteten Ventilen.

nung an R_1 ist. R_1 muß so gewählt werden, daß dieser Überschuß ausreicht zur Zündung von S_2. Praktisch scheidet aber diese Anordnung aus, die gelegentlich im Prüffeld angewandt wird, weil die Verluste im Widerstand nicht tragbar sind.

So kommen wir zu der anderen Möglichkeit, die darin besteht, einen induktiven Widerstand, eine sogenannte Anodendrossel, in Reihe mit dem Ventil zu schalten nach Abb. 29 in der Mitte. Zunächst befremdet es, daß im Kreis des gleichgerichteten Stromes eine Induktivität als Widerstand benutzt wird, da sie ja keinen Gleichspannungsabfall aufnehmen kann. Ihre Wirksamkeit beschränkt sich aber wesentlich auf den Umschaltvorgang. Das sei an Hand von Abb. 30 näher betrachtet. Hier sind bei einem dreiphasigen Gleichrichter je zwei Ventile einem Transformatorzweig zugeordnet. Es sei angenommen, daß der linke Zweig gerade noch stromführend sei und die Stromrichter im mittleren Zweig zur Zündung kommen sollen. Es sind also S_{11} sowie S_{12} stromführend und S_{21} sowie S_{22} sollen gezündet

werden. Es möge S_{21} zuerst zünden und es entsteht die Frage, welche
Spannung zur Zündung des parallel geschalteten Stromrichters noch zur
Verfügung steht.

Wir haben früher gesehen, daß der Wechsel in der Stromführung im Schnittpunkt der Spannung u_{2-0} mit u_{1-0} beginnt und dabei ein kurzzeitiger Kurz-
schlußvorgang des Transformators über Zweig 2 und 1 einsetzt. Wenn S_{22}
im Anfang nicht mitzündet, so schließt sich der Kurzschlußstrom von 2 ausgehend über die Drossel D_{21}, das Ventil S_{21}, die Ventile und Drosseln S_{12}
mit D_{12} und S_{11} mit D_{11} parallel und die Transformatorwicklungen 1—0
und 0—2.

Wenn wir mal von den inneren Widerständen des Transformators absehen,
so liegt während des Kurzschlußvorganges die Spannung des Transformators
u_{2-1} an der Reihenschaltung der Drosseln D_{21} mit D_{11} und D_{12} parallel; es
liegt also $1/3$ dieser Spannung an D_{11} mit D_{12} und $2/3$ an D_{21}, da die Parallelschaltung der Drosseln D_{11} mit D_{12} bewirkt, daß der induktive Widerstand
halb so groß ist gegenüber dem von D_{21}. Wir haben bisher meist den Stromwechselvorgang immer als vernachlässigbar kurz angesehen; tatsächlich
beträgt er aber, wie wir in Abb. 22 gesehen haben, einige Grad elektrisch,
insbesondere wird er auch durch Einfügen von Drosseln verlängert. Der
Kurzschlußstrom kann infolge der inneren und äußeren induktiven Widerstände nicht plötzlich ansteigen, sondern steigt allmählich an, bis er die Höhe
des Vorwärtsstromes über S_{11} und S_{12} erreicht hat und diese löschen. Während
dieser Zeit liegt also an S_{22}, falls es nicht zündet, außer der Brennspannung
von S_{21} noch der Spannungsabfall an D_{21} entsprechend $2/3\ u_{2-1}$. Dadurch
ist die Zündung von S_{22} gesichert, sie muß aber innerhalb der Stromwechselzeit
erfolgen, was praktisch der Fall ist. So erklärt sich, daß mit induktiven
Widerständen in Reihe mit den Ventilen eine Parallelarbeit ermöglicht wird.
Zündet S_{22}, so verteilt sich auch der Kurzschlußstrom auf S_{21} und S_{22}, sodaß
am Ende des Stromwechselvorganges der gleichgerichtete Strom auf beide
Ventile übergeht.

Man kann die Wirkung der Drosseln noch erhöhen, wenn man sie miteinander
magnetisch verkettet, indem man sie auf einen gemeinsamen Eisenkern legt
wie in Abb. 29 rechts angedeutet. Dadurch wird zweierlei erreicht: Einmal
ist nach erfolgter Zündung des einen der beiden Ventile die Spannung am
anderen Ventil doppelt so groß, denn infolge der Verkettung überträgt sich
die Spannung, die an der Drosselhälfte zugehörig zum zuerst gezündeten
Ventil liegt, auf die andere Wicklung. Dadurch wird die Zündbedingung
des parallelarbeitenden Ventiles verbessert. Andererseits ist nach erfolgter
Zündung die Wirksamkeit der Drossel zur Begrenzung des Kurzschlußstromes herabgesetzt. Der Kurzschlußstrom teilt sich auf die beiden
Hälften der Drossel auf, deren magnetisierende Wirkung sich auf
heben. Dadurch wird das Ansteigen des Stromes so rasch wie ohne die
Drossel und der Stromwechselvorgang nicht verzögert, was, wie wir sehen
werden, vermeidet, daß die Anodendrosseln zusätzlichen Spannungsabfall
verursachen.

Die Verkettung der Anodendrosseln braucht nicht durch den Eisenkern geschehen, sondern kann auch durch Sekundärwicklungen auf den Drosseln erreicht werden, die man parallel schaltet.

Genau so wie man Einzelventile parallel schalten kann, lassen sich auch bei mehranodigen Ventilen die einzelnen Anoden parallel schalten. Es gibt da zwei Möglichkeiten, die Abb. 31 veranschaulicht. Entweder handelt es sich

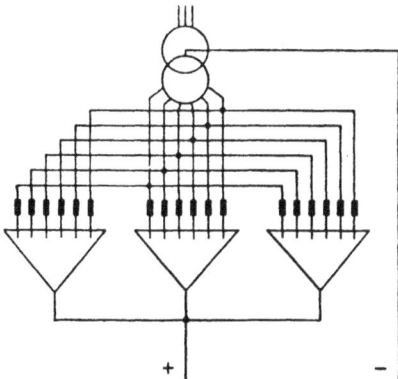

Abb. 31a. Sechsphasiger Einweggleichrichter mit drei parallelgeschalteten mehranodigen Ventilen.

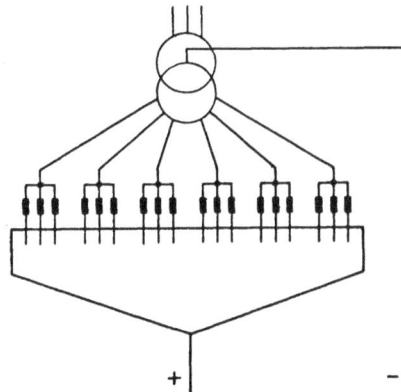

Abb. 31b. Sechsphasiger Einweggleichrichter mit je drei parallelgeschalteten Anoden eines mehranodigen Ventiles.

darum, verschiedene Mehranodenventile an den gleichen Transformator anzuschließen, wie Abb. 31a zeigt. Dabei sind immer entsprechende Anoden jedes Gefäßes parallel gelegt. Oder aber es sollen bei *einem* mehranodigen Gefäß mehrere Anoden parallel stromführend sein. Das veranschaulicht Abb. 31b; dies kommt in Frage für Hochstromgleichrichter, da es erfahrungsgemäß günstig ist hinsichtlich Brennspannung und Sperrsicherheit die Anoden nicht zu groß zu machen.

e) Stromteilung durch Saugdrosseln

Ebensogut wie man Einzelventile und einzelne Anoden parallel schalten kann, kann man auch Ventilgruppen, die zu gesonderten sekundären Transformatorwicklungen gehören, parallel schalten. Hierbei übernehmen dann die Streuinduktivitäten des Transformators die Rolle der Anodendrosseln. Dabei ist es aber sehr vorteilhaft, den Stromwechselvorgang in den einzelnen Gruppen auf verschiedene Zeitpunkte zu legen, weil dann jede Beeinflussung der Zündspannung vermieden wird. Sehr bewährt hat sich in dieser Art eine Schaltung, die aus zwei 60^0 phasenverschobenen Dreiphasengleichrichtern besteht nach Abb. 32. Die beiden sekundären Transformatorwicklungen gewinnt man in einfacher Weise, indem man eine sechsphasige Sekundärwicklung aufteilt auf zwei dreiphasige Wicklungen, wie Abb. 32 zeigt.

In Abb. 33 sind die sechs Phasenspannungen im Verlauf wieder gegeben. Die Spannungen u_{1-9}, u_{3-9} und u_{5-9} bilden die eine sekundäre Dreiphasengruppe und die Spannungen u_{2-10}, u_{4-10} und u_{6-10} die andere. Man kann

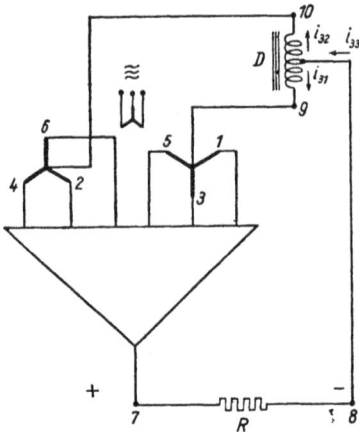

Abb. 32. Stromteilung durch eine Saug-drossel D beim Doppeldreiphasen-Ein-weggleichrichter.

damit zwei gleichgerichtete Spannungen erhalten, die in Abb. 33 gestrichelt, u_{7-10}, und punktiert, u_{7-8}, hervorgehoben sind. Beide Spannungen haben wohl den gleichen Mittelwert, aber stimmen nicht hinsichtlich der überlagerten Wechselspannungen überein. Darum kann das Parallelschalten der beiden Gruppen nur geschehen, wenn man zugleich einen Wechselstromwiderstand zwischen schaltet. Das ist in Abb. 32 die Drossel D.

An dieser Drossel erscheint die Differenz der beiden gleichgerichteten Spannungen oder die Differenz der Wechselspannungen, da die Gleichspannungen in der Differenz Null ergeben. Dies ist eine Spannung mit dreieckigem Verlauf, die in Abb. 33 unten eingezeichnet ist und die dreifache Netzfrequenz hat. Das ist bei Bestimmung der Größe der Drossel zu berücksichtigen.

Um ein Bild über die Stromverhältnisse zu bekommen, ist in Abb. 34 die Anordnung in einem Prinzipschaltbild wiedergegeben. Die beiden Dreiphasenteilgleichrichter sind durch Reihenschaltung einer Gleichspannungsquelle mit einer Wechselspannungsquelle ersetzt. Da die Drossel keinen Gleichstromwiderstand hat, so fließen die Gleichströme ungehindert, wie die Pfeile es andeuten. Da die Gleichströme in beiden Hälften der Drosselwicklung entgegengesetzt fließen, so heben sich die Wirkungen hinsichtlich des Magnetfeldes auf. Die Drossel braucht deshalb keinen Luftspalt erhalten.

Die Wechselspannungen erzeugen im wesentlichen einen Strom im Kreis über beide Drosselhälften, indem der volle Wechselstromwiderstand der Drossel wirksam ist.

Die Grundschwingung der überlagerten Wechselspannungen hat dreifache Netzfrequenz. Die Spannungen sind bezogen auf Netzfrequenz um 60^0 elektrisch gegeneinander verschoben, wie uns Abb. 33 zeigt. Das bedeutet aber bezogen auf die dreifache Netz-

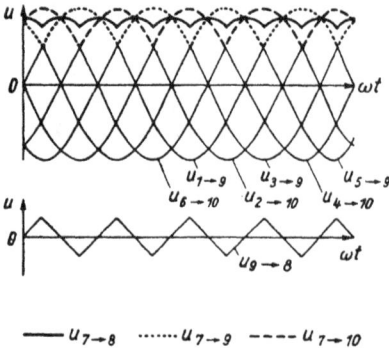

Abb. 33. Spannungen des Doppeldreipha-sen-Einweggleichrichters mit Saugdrossel.

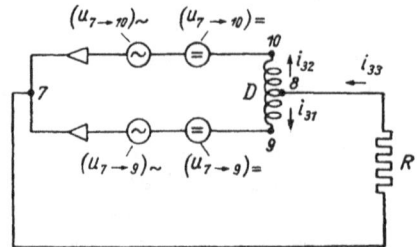

Abb. 34. Ersatzschaltbild des Doppeldrei-phasen-Gleichrichters mit Saugdrossel.

frequenz 180⁰ el. Dann finden wir aber, daß sich die Grundschwingungen der Wechselspannungen summieren, wenn wir den Kreis über beide Spannungen und die Drossel durchlaufen.

Die genaue Theorie der Schaltung zeigt, daß die Stromverhältnisse erst dann durch das Prinzipschaltbild richtig wiedergegeben werden, wenn der Gleichstrom über die Drossel größer als der Wechselstrom geworden ist.

Im Prinzipschaltbild ist in jedem Zweig ein Ventil eingezeichnet, das stellt die Zusammenfassung der drei Ventile eines Systemes dar. Nun kann aber über ein Ventil ein Wechselstrom nur dann fließen, wenn gleichzeitig ein Gleichstrom fließt, der bewirkt, daß der Gesamtstrom immer positiv im Sinne der Durchlaßrichtung des Ventiles bleibt. Daher gilt das Ersatzschaltbild nur unter dieser Voraussetzung.

Man wählt die Größe der Drossel so, daß dies schon bei einem kleinen Gleichstrom, d. h. kleinem Belastungsstrom, erreicht wird. Unterhalb dieses Stromes verhält sich die Anordnung wie ein Sechsphasengleichrichter, d. h. die Ventile lösen sich in der Reihenfolge 1, 2, 3, 4, 5 und 6 in der Stromführung ab. Dabei muß der Kurzschlußstrom des Transformators, der den Ablösevorgang bewirkt, immer über die Drossel fließen und wird dadurch begrenzt. Das hat aber bei sehr kleinen Strömen keinen Einfluß auf das Löschen der Ventile. Wenn dagegen die Parallelarbeit der beiden Dreiphasensysteme in der geschilderten Weise einsetzt, lösen sich die Ströme innerhalb eines Systemes ab, d. h. in der Reihenfolge 1, 3 und 5 sowie 2, 4 und 6, dabei fließt der Kurzschlußstrom nicht mehr über die Drossel.

Da die mittlere Gleichspannung bei Sechsphasenbetriebsweise 15% höher liegt als bei Doppeldreiphasenbetrieb, so zeigt die Stromspannungskennlinie das in Abb. 35 gezeichnete Verhalten: Sie steigt nach dem Leerlauf hin um etwa 15% an. Dieser Anstieg wird in einen Bereich so kleiner Ströme gelegt, daß er praktisch ohne Bedeutung ist.

Man bezeichnet die Ausgleichsdrossel auch als Saugdrossel oder Saugtransformator, weil jede Drosselhälfte sozusagen den halben Belastungsstrom ansaugt. Dementsprechend wird die Anordnung auch als Doppeldreiphasengleichrichter mit Saugdrossel bezeichnet.

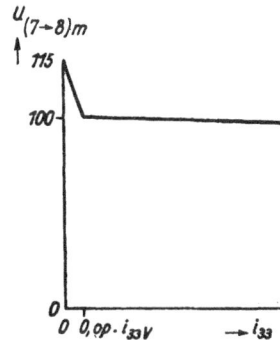

Abb. 35. Stromspannungskennlinie des Doppeldreiphasen-Gleichrichters mit Saugdrossel (p = Prozentzahl, $i_{33}V$ = Vollaststrom).

Am Belastungszweig ist eine Spannung wirksam, die in der Mitte zwischen beiden Dreiphasenspannungen verläuft und in Abb. 33 stark ausgezogen und mit u_{7-8} bezeichnet ist. Dieser Spannungsverlauf hat, wie wir sehen, den Charakter der gleichgerichteten Spannung des Sechsphasengleichrichters. In dieser Beziehung ist der Doppeldreiphasengleichrichter daher dem Sechsphasengleichrichter gleichwertig.

Jedes Ventil führt einen Strom etwa halber Höhe des gleichgerichteten Stromes über 120⁰ el. Also ist bei geringer Stromhöhe eine lange Strom-

führungsdauer gegeben, was beides günstig ist hinsichtlich Ausnutzung der
Ventile und Transformatorwicklungen. Da noch der Aufwand für die Saugdrossel berücksichtigt werden muß, kommt man praktisch dazu, daß gegenüber
em Sechsphasengleichrichter der Gesamtaufwand nicht wesentlich geringer
ist, nur die Beanspruchung der Ventile ist günstiger.

Außer der beschriebenen Anordnung lassen sich noch andere aufbauen, die
auf dem gleichen Prinzip beruhen. So kann man drei Zweiphasengleichrichter,
die um je 120⁰ gegeneinander phasenverschoben arbeiten, über eine drei-
schenklige Saugdrossel parallel schalten. Doch diese und andere Anordnungen
haben keine praktische Bedeutung gewonnen.

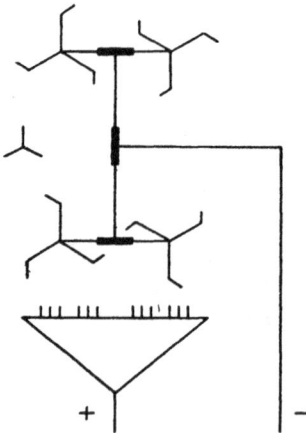

Abb. 36. Schaltbild des Viermal-
dreiphasengleichrichters mit drei
Saugdrosseln.

Bei Gleichrichtern großer Leistung läßt man
zwei Doppeldreiphasengleichrichter nochmals
über eine dritte Saugdrossel parallel arbeiten.
Abb. 36 zeigt das Schaltschema. Der Transformator ist sekundär zwölfphasig ausgebildet,
je drei Phasen sind zu einem System zusammengefaßt. Je zwei um 60⁰ verschobene Systeme
bilden mit einer Saugdrossel den beschriebenen Doppeldreiphasengleichrichter. Die beiden
Doppeldreiphasengleichrichter arbeiten um 30⁰
gegeneinander phasenverschoben und werden
über die dritte Saugdrossel parallel geschaltet.
Diese Anordnung gibt eine gleichgerichtete
Spannung mit der geringen Welligkeit eines
zwölfphasigen Gleichrichters ab und hat doch
eine Stromführungsdauer der Ventile von 120⁰
bei einer Höhe des Stromes von nur $1/4$ des
Belastungsstromes. Außerdem ist diese Anordnung günstig hinsichtlich der
erwünschten Sinusform des vom Drehstromnetz aufgenommenen Stromes.

f) Die Glättung des gleichgerichteten Stromes und der Spannung

Wir haben in den vorstehenden Abschnitten gesehen, wie durch Erhöhung
der Phasenzahl die gleichgerichtete Spannung und damit auch der Strom
im Gleichstromzweig immer mehr einer reinen Gleichspannung bzw. einem
reinen Gleichstrom angenähert werden können, doch erfordert das viele Ventile
und schließlich eine verwickelte sekundäre Transformatorwicklung, um durch
Zickzackschaltungen die Vielphasigkeit zu erreichen. Man geht daher in dieser
Beziehung nur soweit als notwendig ist, um einen möglichst sinusförmigen
Netzstrom zu erreichen.

Es besteht darüber hinaus eine einfache Möglichkeit, um einen möglichst
oberschwingungsfreien Gleichstrom zu erhalten: Die Einschaltung einer Drossel-
spule in den Gleichstromzweig.

Grundsätzlich läßt sich ein Gleichrichter, der ja eine Gleichspannung mit
überlagerter Wechselspannung liefert, nach Abb. 37 auffassen als Reihenschaltung einer Gleichspannungsquelle mit einer Wechselspannungsquelle.

Und bei einer solchen Anordnung besteht bei Belastung die Möglichkeit, den Wechselstrom durch Einschalten einer Drossel zu unterdrücken, die infolge ihres geringen Gleichstromwiderstandes den Gleichstrom praktisch nicht beeinflußt.

Dabei teilt sich die volle Spannung u_{3-5} — Gleichspannung und überlagerte Wechselspannung — so auf Drossel L und Widerstand R auf, daß die Wechselspannung vorwiegend an der Drossel und die Gleichspannung vorwiegend am Widerstand liegt.

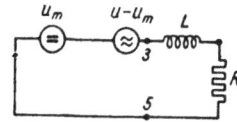

Abb. 37. Ersatzschaltbild der Gleichrichter hinsichtlich der Oberschwingungen im gleichgerichteten Strom und Spannung.

Man könnte durch Steigerung der Größe der Drossel den Wechselstrom vollständig unterdrücken.

Es hat sich aber als wirtschaftlich vorteilhafter erwiesen, die Drossel nur so groß zu bemessen, daß sie den Wechselstrom auf wenige Prozent des Vollastgleichstromes herabsetzt und darüber hinaus durch sogenannte Querzweige den verbleibenden Wechselstrom kurz zu schließen um ihn vom Belastungszweig fern zu halten.

Am einfachsten geschieht das durch Parallelschalten eines Kondensators zum Belastungszweig wie Abb. 38 zeigt. Ein geeignet großer Kondensator stellt einen geringen Wechselstromwiderstand dar, sperrt dagegen den Gleichstrom. Der Wechselstrom fließt daher vorwiegend über den Kondensator, erzeugt hier aber nur einen geringen Spannungsabfall, sodaß der parallele Belastungszweig auch nur eine geringe Wechselspannung aufweist. Die Verwendung eines Kondensators ist vor allem dann wirtschaftlich, wenn es sich um die Unterdrückung höherer Frequenzen in der Wechselspannung handelt. Die Analyse der gleich-

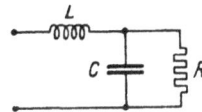

Abb. 38. Unterdrückung der Oberschwingungen in der gleichgerichteten Spannung durch Glättungsdrossel und Kondensator.

gerichteten Spannung der einzelnen Gleichrichterschaltungen hat ergeben, daß außer der Grundschwingung noch eine bestimmte Folge von Oberschwingungen enthalten sind. Die Tabelle enthält ihre Größe in Anteilen der mittleren Gleichspannung. Wenn p die Phasenzahl ist, so sind die Frequenzen der überlagerten Wechselspannungen gegeben durch die Beziehung:

$$f = n \cdot p \cdot 50 \text{ Hz}, \quad n = 1, 2, 3 \dots$$

wobei wir als Grundfrequenz 50 Hz annehmen. Dabei durchläuft n die Reihe der ganzen Zahlen.

Beim dreiphasigen Gleichrichter mit $p = 3$ haben wir also folgende Frequenzen: $\quad f = 150, 300, 450, 600, 750, 900, 1050, \dots$ Hz

Die Tabelle zeigt uns, daß die Größe der Oberschwingung mit steigender Frequenz rasch abnimmt.

$n \cdot p$	Effektive Sp. der Oberwelle / Mittlere gleichgerichtete Sp.	$n \cdot p$	Effektive Sp. der Oberwelle / Mittlere gleichgerichtete Sp.
2	0,47	8	0,025
3	0,18	9	0,017
4	0,094	12	0,0099
6	0,044	18	0,0044

Da nun nur Oberschwingungen mit ganz bestimmten Frequenzen auftreten, so kann man nach Abb. 39 an Stelle eines Kondensators auch Schwingungskreise parallel zur Belastung legen. Diese Schwingungskreise sind auf die in Frage kommenden Frequenzen abgestimmt und haben hierfür einen sehr kleinen Resonanzwiderstand.

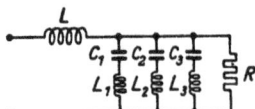

Abb. 39. Unterdrückung der Oberschwingungen in der gleichgerichteten Spannung durch Glättungsdrossel und abgestimmte Querzweige.

Sie bilden nahezu einen Wechselstromkurzschluß parallel zur Belastung. Daher wird der Wechselstrom im Zweig fast ausschließlich durch die Drossel bestimmt und man kann sagen, es bleibt an der Belastung eine Wechselspannung übrig, die gleich dem Spannungsabfall der Wechselstromanteile für die einzelnen Frequenzen an den Schwingkreiswiderständen ist.

Wir fragen uns nun, ob die Verwendung einer Kathodendrossel die beschriebene Wirkungsweise der Ventilgleichrichter beeinflußt. Es läßt sich zeigen, daß dies nicht der Fall ist. Die Zünd- und Löschbedingungen in den einzelnen Schaltungen bleiben unverändert.

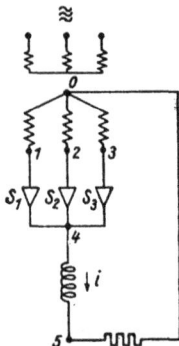

Abb. 40. Schaltbild des dreiphasigen Einweggleichrichters mit Glättungsdrossel.

Wir betrachten als Beispiel für die mehrphasigen Schaltungen den Dreiphasengleichrichter nach Abb. 20 und 21. In Abb. 40 ist die Schaltung mit Kathodendrossel aufgezeichnet. Wir nehmen mal an, die Kathodendrossel sei so groß, daß der Belastungsstrom ein reiner Gleichstrom ist. Um die Wirkungsweise zu übersehen, überlegen wir uns den Einschaltvorgang. Es werde bei $\omega t = 90^0$ Spannung an den Transformator gelegt. Dann zündet (vgl. Abb. 40 und 20) das Ventil S_1, weil die zugehörige Spannung gerade positiv ist. Der Strom über das Ventil springt aber nicht an, wie bei reiner Widerstandsbelastung, sondern infolge der verzögernden Wirkung der Induktivität der Kathodendrossel steigt der Strom nur ganz allmählich an. An dem früher betrachteten Verlauf der Spannung am Ventil S_2, das in der Stromführung folgt, ändert sich aber nichts. Dies zündet normal, sowie u_{2-0} größer geworden ist als u_{1-0} und zwar bei $\omega t = 150^0$.

Der Ablösungsvorgang geht von der Kathodendrossel ungehindert vor sich, so daß die Zündung von S_2 die Löschung von S_1 bewirkt wie oben betrachtet. Die Drossel liegt ja außerhalb des Kurzschlußkreises. S_2 übernimmt allerdings zunächst nur einen kleinen Strom. Der Strom steigt aber während der Stromführungsdauer von S_2 weiter an bis S_2 von S_3 in der Stromführung abgelöscht wird. So steigt der Strom zunächst langsam von Zündung zu Zündung an, bis der steigende Spannungsabfall am Belastungswiderstand sich auswirkt.

An der Drossel liegt ja die Differenz der gleichgerichteten Spannung u_{4-0} mit der Spannung am Widerstand u_{5-0}. Mit steigendem Strom gibt es Zeitabschnitte, in denen die Spannung am Widerstand größer ist als die gleichgerichtete Transformatorspannung zu dieser Zeit. Dann muß der Strom wieder abnehmen. Schließlich erreicht der Strom seinen Endverlauf, wo innerhalb eines Stromführungsabschnittes Anstieg und Abfall sich ausgleichen. Das ist in Abb. 41 vergrößert herausgezeichnet. Wir sehen eine Phasenspannung beispielsweise u_{2-0} und den Spannungsabfall am Widerstand u_{5-0} innerhalb einer Stromführungsdauer, der zugleich auch den Ventilstrom darstellt. Der für die gleichgerichtete Spannung maßgebende Teil ist stark gezeichnet. Solange die Phasenspannung größer ist als der Spannungs-

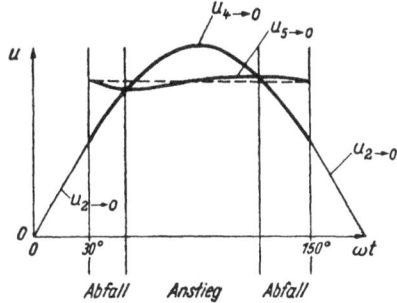

Abb. 41. Zur Wirkungsweise der Glättungsdrossel.

abfall — das ist im Bereich der Kuppe der Fall — solange steigt der Ventilstrom an. Ist die Phasenspannung aber kleiner, so fällt der Strom ab; er wird in diesen Zeitabschnitten aus der magnetischen Energie der Drossel heraus aufrecht erhalten. Danach ergibt sich, daß im eingeschwungenen Zustand nach Übernahme des Stromes durch ein Ventil bei $\omega t = 30^0$ der Strom zunächst abfällt, dann im mittleren Stromführungsabschnitt ansteigt, um im dritten Bereich wieder abzufallen auf den gleichen Wert wie zu Beginn. Das wiederholt sich in allen Stromführungsabschnitten. Wenn wir den Belastungszweig für sich betrachten, an dessen Eingang die gleichgerichtete Spannung liegt, so gilt allgemein: Der Mittelwert i_m (Gleichstromanteil) des Stromes ist gleich dem Mittelwert (Gleichspannungsanteil) der gleichgerichteten Spannung geteilt durch den *ohmschen* Widerstand R im Zweig:

$$i_m = \frac{u_m}{R}$$

Die Glättungsdrossel hat keinen Gleichspannungsabfall, wenn wir ihren ohmschen Widerstand zu R zuzählen. Wenn die Drossel verhältnismäßig groß ist, sind die Schwankungen der Ventilströme vernachlässigbar klein. Die Ventilströme nehmen praktisch rechteckige Formen an, wie sie Abb. 42 unten zeigt.

Was hier für die Dreiphasenanordnung erläutert wurde, läßt sich auf alle bisher betrachteten Anordnungen übertragen. Die Ventilströme nehmen rechteckige Form an, die Zünd- und Löschbedingungen und damit die Stromführungsdauer bleiben ungeändert.

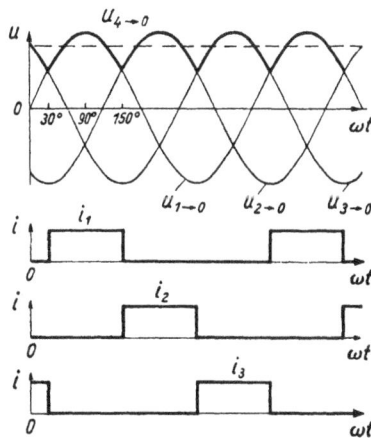

Abb. 42. Spannungen und Ströme des dreiphasigen Einweggleichrichters nach Abb. 40 mit sehr großer Glättungsdrossel. Oben: Gleichgerichtete Spannung. Unten: Die Ventilströme.

Wenn wir die Drossel sehr groß annehmen, vereinfachen sich die Stromverhältnisse sehr, wie wir an Abb. 42 sehen. Deshalb wird vielfach diese
Annahme der Betrachtung zu Grunde gelegt. Praktisch kommt die Kathodendrossel nur dann zur Anwendung, wenn besondere Bedingungen an Strom
oder Spannung hinsichtlich Oberwellenfreiheit gestellt werden. Vielfach
übernimmt die dem Verbraucher selbst anhaftende Induktivität die Rolle
der Glättungsdrossel. So sind beispielsweise die Ankerwicklungen von Gleichstrommotoren induktiv, was zu einer ausreichenden Glättung des Stromes
bei Speisung von Gleichstrombahnen und Antriebsmotoren der Industrieantriebe führt. Das wird bei Behandlung der Anwendungen noch näher
ausgeführt.

g) Ein- und zweiphasige Ventilgleichrichter

Wenn man von der Grundform der einphasigen Halbwellengleichrichtung
nach Abb. 1 zum entsprechenden Ventilgleichrichter übergehen will, so scheint
es zunächst zu genügen, nur den einen Schleifringteil S_1 mit der Bürste B
durch ein Ventil zu ersetzen. Das zeigt Abb. 43. Das Ventil zündet zu Beginn
positiver Spannung, d.h. zu Beginn der positiven Halbwelle und bei rein ohmscher Belastung löscht das Ventil auch wieder am Ende der Halbwelle. Wir
erhalten somit als Gleichspannung die Sinushalbwelle wie in Abb. 2.
Es zeigt sich aber, daß diese einfache Schaltung nach Abb. 43 im Grunde keine
echte Gleichrichterschaltung ist, und zwar deshalb nicht, weil der Gleichstrom
sich nicht durch Einfügen einer Glättungsdrossel glätten läßt, bzw. der über-

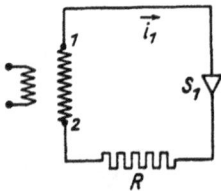

Abb. 43. Schaltbild des
einphasigen Einweggleich-
richters.

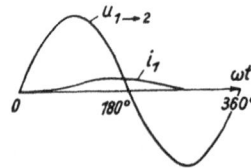

Abb. 44. Einfluß einer Glättungsdrossel
auf den Stromverlauf des einphasigen
Einweggleichrichters.

lagerte Wechselstrom unterdrücken läßt, ohne den Gleichstromanteil zu
beeinflussen. Das Ventil löscht dann nicht mehr am Ende der positiven Halbwelle, sondern es entsteht durch den Einfluß der Drossel ein Stromverlauf
nach Abb. 44. Der Strom wird über $\omega t = 180^0$ hinaus verschleppt. Als Gleichspannung ist der Mittelwert der Sinushalbwelle während des ganzen Strom-
führungsbereiches wirksam. Wir sehen, daß dieser Mittelwert durch die Verlängerung der Stromführungsdauer abnimmt. Im gleichen Maß wird der
Strom durch die Drossel herabgesetzt. Der Strom steigt zwar an, solange die
Phasenspannung positiv und größer als der Spannungsabfall am Widerstand
ist, entsprechend der Beziehung:

$$L \frac{d i_1}{d t} = u_{\text{Drossel}}.$$

Wenn aber die Induktivität der Drossel sehr groß ist, wird der Strom auch nur sehr wenig ansteigen. In der negativen Halbwelle bzw. bei negativer Spannung an der Drossel, fällt der Strom i_1 wieder auf Null und erst dann löscht das Ventil, wie Abb. 44 zeigt. Wenn der ohmsche Widerstand der Belastung Null wäre und der der Drossel zu Null gemacht werden könnte, würde der Strom erst bei $\omega t = 360^0$ löschen und die mittlere gleichgerichtete Spannung wäre Null. Das Spiel wiederholt sich in jeder Periode.

Hier wirkt also die Drossel strombegrenzend, denn sie begrenzt mit dem Impuls an sich auch den Gleichstromanteil, der eine periodische Folge von gleichgerichteten Impulsen aufweist. Somit ist ein echter Gleichrichter mit nur einem Ventil und Glättungsdrossel nicht möglich.

Hier setzt nun die Wirksamkeit eines zweiten Ventiles, S_2, in Abb. 45 ein. Es entspricht dem Schleifringteil S_2 in Abb. 1. Seine Funktion können wir am besten wieder am Einschaltvorgang verfolgen.

Wir nehmen an, es würde bei $\omega t = 0$ nach Abb. 44 die Spannung an den Transformator gelegt werden. Dabei würde S_1 zünden und der Strom würde wie in Abb. 44 beginnen. Am Ende der positiven Halbwelle von u_{1-2} zündet aber jetzt das Ventil S_2 und bewirkt die

Abb. 45. Schaltbild des einphasigen Einwegventilgleichrichters mit Ausgleichventil.

Löschung von S_1. Die negative Halbwelle von u_{1-2} ist ja positiv im Sinne von S_2 und es entsteht ein kurzzeitiger Kurzschluß des Transformators. Der Kurzschlußstrom, der positiv im Sinne der Stromrichtung von S_2 anwächst, bringt den Strom über S_1 auf Null und löscht diesen. Dabei wird der Strom von S_2 übernommen.

Da nun nach Abb. 45 im Kreis — Drossel, Belastungswiderstand und Ventil S_2 — keine Spannungsquelle mehr liegt, so wird der Strom jetzt alleine von der magnetischen Energie der Drossel aus aufrecht erhalten und fällt allmählich ab, bis zum Beginn der folgenden positiven Halbwelle der Spannung u_{1-2} S_1 wieder zündet. Das führt zur Löschung von S_2, da jetzt der Kurzschlußstrom positiv im Sinne von S_1 ist. S_1 übernimmt den Reststrom und unter dem Einfluß der positiven Halbwelle der Spannung u_{1-2} steigt der Strom weiter an. Das Spiel wiederholt sich in den folgenden Perioden und führt zu einem allmählichen Anstieg des Stromes.

Schließlich wird der Spannungsabfall am Widerstand wirksam. Der Strom steigt nur noch im Bereich der Kuppe der positiven Halbwelle an, weil nur in diesem Bereich die Spannung an der Drossel, die Differenz von Trafospannung und Spannung am Widerstand, positiv ist (das wurde in ähnlicher Weise für den dreiphasigen Gleichrichter mit Glättungsdrossel an Hand von Abb. 41 betrachtet). Im übrigen Bereich und vor allem im Stromführungsbereich von S_2 fällt der Strom ab. Anstieg und Abfall halten sich im eingeschwungenen Zustand die Waage.

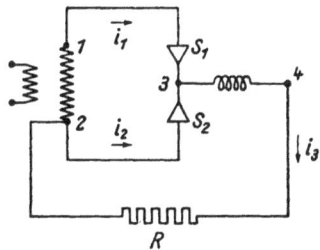

Abb. 46 zeigt uns die Ströme und Spannungen im eingeschwungenen Zustand.
Wir sehen oben die Transformatorspannung und darunter die gleichgerichtete

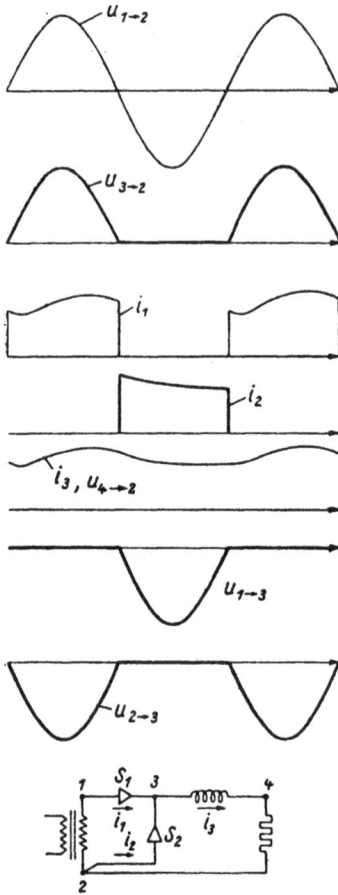

Spannung und die beiden Ventilströme i_1
und i_2, sowie den Gesamtstrom über die
Belastung i_3. Bei großer Kathodendrossel
zeigt dieser Strom nur noch eine geringere
Schwankung.

Proportional zu i_3 ist auch die Spannung am
Belastungswiderstand u_{4-2}. Im Vergleich zur
gleichgerichteten Spannung vor der Drossel
u_{3-2} in Abb. 46 oben, sehen wir die glättende
Wirkung der Drossel.

Abb. 46 enthält noch unten den Verlauf der
Sperrspannungen an beiden Ventilen. Es ist
dies einfach die negative Halbwelle von u_{1-2}
bzw. u_{2-1}, wie man aus der Abb. 45 leicht
ersehen kann. Denn, wenn S_2 stromführend
ist, ist ja Punkt 3 mit 2 verbunden und an S_1
liegt dann u_{1-2}. Und wenn S_1 stromführend
ist, wird 3 mit 1 verbunden und an S_2 liegt
u_{2-1}. Damit haben wir den einfachsten Ventilgleichrichter kennengelernt. Wir können
ihn als Einphasen-Einweg-Gleichrichter mit
Ausgleichventil bezeichnen. Seine gleichgerichtete Spannung ist eine Sinushalbwelle.

Eine Verbesserung der gleichgerichteten
Spannung wird beim zweiphasigen Einweg-
Gleichrichter nach Abb. 47 erreicht, der nach
dem Vorbild der Grundform in Abb. 4 aufgebaut ist.

Seine Wirkungsweise ist bei ohmscher Belastung leicht zu übersehen. In der positiven
Halbwelle von u_{1-0} führt S_1 Strom und in
der positiven Halbwelle von u_{2-0} führt S_2
Strom. Beide Ventile arbeiten dabei zunächst
wie der Einweggleichrichter nach Abb. 43.
Beide Ventile löschen am Ende der zugehörigen positiven Halbwelle, ehe das folgende
Ventil zündet. Die gleichgerichtete Spannung
besteht aus aneinanderschließenden Sinushalbwellen nach Abb. 5 unten. Sowie wir
aber eine Glättungsdrossel einführen, setzt
die gegenseitige erzwungene Ablösung der
Ventile mit einem kurzzeitigen Kurzschluß-
vorgang des Transformators ein. Wir können

Abb. 46. Spannungen und Ströme
des einphasigen Einwegventilgleichrichters mit Ausgleichventil nach dem
Schaltbild unten.

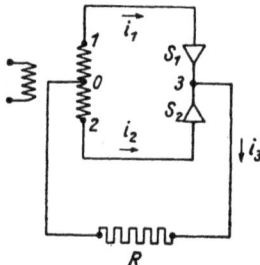

Abb. 47. Schaltbild des zweiphasigen Einwegventilgleichrichters.

in dieser Schaltung durch eine genügend große Glättungsdrossel wieder einen reinen Gleichstrom im Belastungszweig erzwingen, genau wie für mehrphasige Gleichrichter an Hand von Abb. 41 und 42 betrachtet. Die Ventilströme nehmen dann rechteckige Form an mit der Breite von einer Halbwelle zuzüglich der Ablösungszeit.

Siebkreise zum Kurzschluß einzelner Frequenzen, wie für die mehrphasigen Gleichrichter, werden beim zweiphasigen Gleichrichter nicht verwendet. Da es sich meist um kleine Leistungen handelt, genügt der Abschluß durch eine Kapazität.

Der Übergang von der zweiphasigen Einwegschaltung zur Vollwegschaltung nach Abb. 48 bringt keinen Gewinn hinsichtlich des Verlaufes der gleichge-

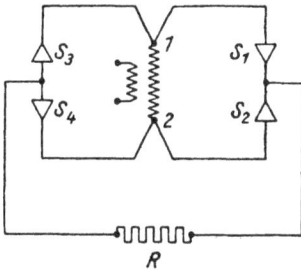

Abb. 48. Schaltbild des einphasigen Vollwegventilgleichrichters.

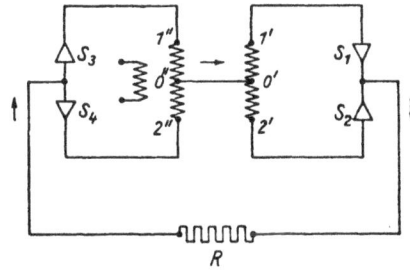

Abb. 49. Auflösung des Vollweggleichrichters nach dem Schaltbild Abb. 48 in zwei in Reihe geschaltete zweiphasige Einwegventilgleichrichter.

richteten Spannung, wohl aber für die Typenleistung des Transformators bzw. die Ausnutzung der Sekundärwicklung, wie später gezeigt wird.

Man kann diese Schaltung wieder auffassen als die Reihenschaltung zweier Zweiphasen-Einweg-Gleichrichter, wie Abb. 49 erkennen läßt, wobei der linke Gleichrichter für umgekehrte Stromrichtung ist. Im Vergleich zum zweiphasigen Einweggleichrichter nach Abb. 47 sehen wir, daß bei gleicher Transformatorspannung der doppelten Anzahl der Ventile auch die *doppelte* gleichgerichtete Spannung entspricht. Das heißt aber, daß die Sperrspannung für das einzelne Ventil, bezogen auf die *gleiche* mittlere gleichgerichtete Spannung, nur halb so groß ist. Das bedeutet bei Verwendung von Trockengleichrichtern mit aus einzelnen Elementen in Reihe aufgebauten Ventilen, daß der *relative* Aufwand der gleiche bleibt. Daher ist dies die bevorzugte Schaltung für Trockengleichrichter. Bei Glühkathodenventilen dagegen wird im Niederspannungsgebiet die Einwegschaltung vorgezogen. Erst im Hochspannungsgebiet, wo die Sperrspannung der Glühkathodenventile die gleichgerichtete Spannung begrenzt, wird die Vollwegschaltung angewandt, um höhere Spannung zu erzielen.

Es sind noch andere Darstellungen der Vollwegschaltung gebräuchlich, die uns Abb. 50 zeigt. Doch lassen diese nicht so deutlich die Wirkungsweise und Beanspruchung der Ventile erkennen.

Die Aufteilung der Zweiphasenvollweggleichrichter auf zwei Einweggleichrichter veranschaulicht auch, daß bei Einfügen einer Glättungsdrossel eine

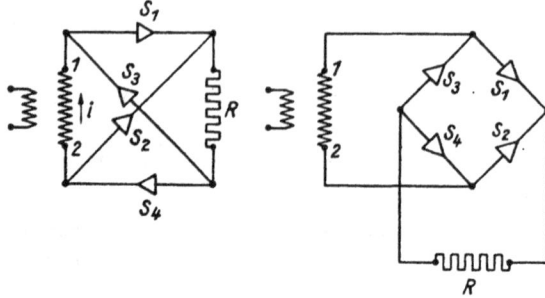

Abb. 50. Ausführungsformen des Schaltbildes in Abb. 48.

Ablösung der Ventile in der Stromführung einsetzen wird, genau wie beim
zweiphasigen Einweggleichrichter betrachtet.

Die Darstellung in Abb. 50 zeigt insbesonders, daß das Wesen der Gleichrichtung auch darin besteht, daß der Wechselstrom, der in der Transformatorwicklung in wechselnder Richtung fließt, über den Verbraucher immer in
gleicher Richtung geführt wird. Die positive Halbwelle fließt über S_1, R und S_4
die negative über S_2, R und S_3. Beide Halbwellen durchfließen den Widerstand
in *gleicher* Richtung.

4. Die Regelung der Gleichrichter

a) Regelung der Spannung bei der Gleichrichtung mit Kontakten

Wir haben gesehen, daß das Wesen der Gleichrichtung beim Kollektorgleichrichter und beim Schaltergleichrichter darin besteht, daß von den Sinusspannungen eines Ein- oder Mehrphasensystems die Kuppen der positiven
Halbwellen ausgewählt werden und zu der gleichgerichteten Spannung zusammengesetzt werden. Die Auswahl geschieht dadurch, daß der Gleichstrom-
kreis während des Zeitbereiches der Kuppe der Sinusspannung an die zugehörige
Transformatorwicklung angeschlossen wird. Der Anschluß geschieht durch
Auflaufen von Bürsten auf Segmente oder durch Schließen von Schaltern.
Die Kuppen der Sinusspannung werden ausgewählt, weil ihre Aneinander-
reihung die jeweilige beste gleichgerichtete Spannung ergibt, d. h. mit dem
geringsten Wechselspannungsanteil. Wir hatten aber auch gesehen, daß eine
Drossel im Gleichstromzweig ein einfaches Mittel darstellt, um, unabhängig
vom Verlauf der gleichgerichteten Spannung, einen reinen Gleichstrom über
die Belastung zu erzielen und damit auch eine reine Gleichspannung an der
Belastung zu erzwingen.

Es kommt somit nicht unbedingt auf einen möglichst kleinen Wechselanteil
in der gleichgerichteten Spannung an, da ja mit der Drossel ein einfaches
Mittel besteht, um ihn auszuschalten, sofern ein Loslösen von dieser Bedingung
Vorteile bietet. Das ist der Fall bei der nun zu behandelnden Regelung der
Gleichrichter.

Die einfachste Form der Gleichrichtung zeigte uns die einphasige Grundform in Abb. 1. Hier wird durch die umlaufende Bürste die positive Halbwelle der Transformatorspannung als gleichgerichtete Spannung ausgewählt. Die Bürste läuft zu Beginn der positiven Halbwelle auf dem Teilring S_1 auf und bleibt bei synchronem Lauf genau während der positiven Halbwelle auf S_1. Wenn wir uns jetzt den synchronen Bürstenlauf so verschoben denken, beispielsweise durch Verdrehen des geteilten Schleifringes um 30^0 in Laufrichtung der Bürste, daß die Bürste erst 30^0 *nach* Beginn der positiven Halbwelle auf S_1 aufläuft, so wird aus dem Wechselspannungsverlauf u_{1-2} nicht mehr die positive Halbwelle abgegriffen, sondern ein um 30^0 dagegen nacheilend verschobener Teil auch von der Breite der positiven Halbwelle, d. h. 180^0 el., der in Abb. 51 oben an zweiter Stelle gezeichnet ist. Wir sehen, daß dadurch am Anfang der positiven Halbwelle ein Stück fortfällt und dafür am Ende ein Stück der negativen Halbwelle hinzukommt. Dadurch geht der Mittelwert der gleichgerichteten Spannung zurück.

Wenn wir jetzt eine weitere Verdrehung des geteilten Schleifringes vornehmen, so daß die Bürste noch später auf S_1 aufläuft, so wird in Bezug auf die gleichgerichtete Spannung die positive Halbwelle weiter verkürzt und der Anteil

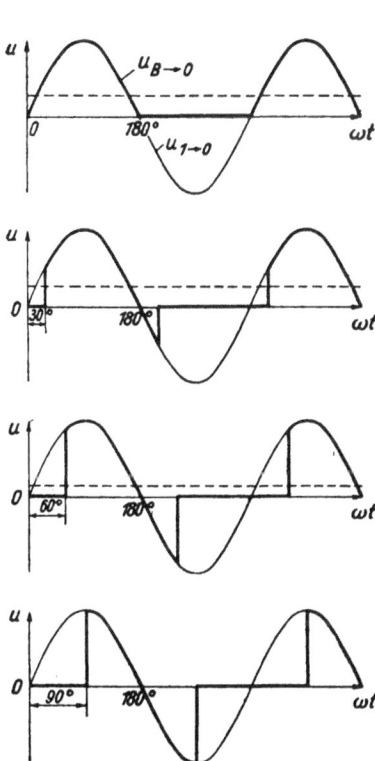

Abb. 51. Absenkung der mittleren gleichgerichteten Spannung bei der einphasigen Gleichrichtung nach Abb. 1 und 46.

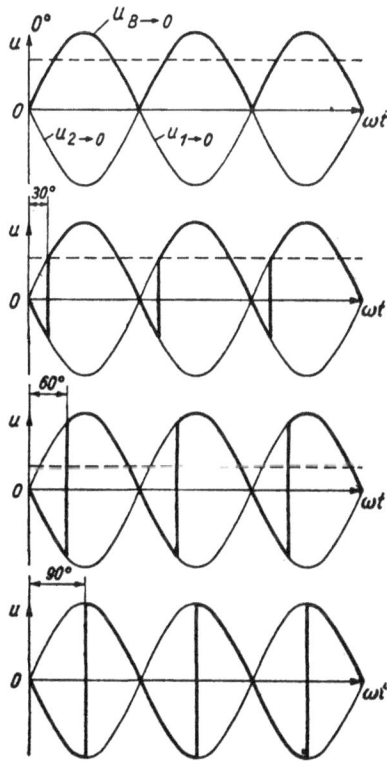

Abb. 52. Absenkung der mittleren gleichgerichteten Spannung bei der zweiphasigen Gleichrichtung nach Abb. 4 und 47.

der negativen Halbwelle vergrößert, so zeigt Abb. 51 unten den Verlauf der gleichgerichteten Spannung für 60⁰ und 90⁰ el. Verschiebung bzw. Verzögerung des Bürstenauflaufes auf S_1.

Der Mittelwert der gleichgerichteten Spannung, der gestrichelt eingezeichnet ist, geht dabei weiter zurück. Bei 90⁰ Bürstennacheilung ist der Mittelwert, wie wir aus Abb. 51 ersehen, Null. Der Spannungsverlauf besteht aus der zweiten Hälfte der positiven Halbwelle und der ersten Hälfte der negativen Halbwelle, die sich gegenseitig bei der Mittelwertsbildung aufheben.

Einen Schritt weiter in der Verbesserung der gleichgerichteten Spannung bedeutet es, diese aus aneinanderschließenden Halbwellen zweier entgegengesetzt gleicher Spannungen zu bilden, wie es Abb. 52 oben wiederholt. Das ließ sich mit den Anordnungen nach Abb. 4 und 12 erreichen. Abb. 52 zeigt die Auswirkung steigender Bürstennacheilung bei diesen Anordnungen. Es geschieht das, was wir in Abb. 51 für eine Spannung sahen jetzt mit beiden: Der abgegriffene Teil der positiven Halbwelle wird verkürzt und entsprechend ein Teil der negativen Halbwelle mit ausgenutzt. Der Gesamtbereich, der von jeder Spannung benutzt wird, bleibt 180⁰ el. Bei 90⁰ Bürstennacheilung ist die mittlere gleichgerichtete Spannung wieder Null.

Für die mehrphasige Gleichrichtung nach den Grundformen in Abb. 6 bis 11 bzw. 13 sei als Beispiel die sechsphasige Gleichrichtung nach Abb. 9 betrachtet.

In Abb. 9 läuft die Bürste B gerade auf Segment 6 auf und verbleibt dort während der Kuppe der Spannung u_{6-0} in Abb. 10 oben. In Abb. 53 oben ist diese Kuppe stark hervorgehoben. Wenn wir uns die Bürste beispielsweise um 30⁰ nacheilend denken, so läuft die Bürste B — da räumliche und elektrische Grade in diesem Falle zusammenfallen — erst $^1/_{12}$ Periode, entsprechend 30⁰ elektrisch, später auf das Segment 6 auf; das bedeutet aber, daß von der Spannung u_{6-0} nicht die Kuppe in 60⁰ Breite, sondern ein 30⁰ später liegendes Stück ebenfalls von 60⁰ Breite zur Spannungsbildung benutzt wird. Die Bürste bleibt ja nach wie vor während 60⁰ el. auf dem Segmente. Dies Stück ist in Abb. 53 oben an zweiter Stelle stark hervorgehoben.

Was für das Segment 6 gilt, trifft natürlich auch für alle anderen Segmente zu und somit auch für die anderen Spannungen. Der benutzte Ausschnitt aus der Sinusspannung verschiebt sich allgemein um 30⁰ übereinstimmend mit der Bürstennacheilung. So entsteht aus allen Ausschnitten ein Ver-

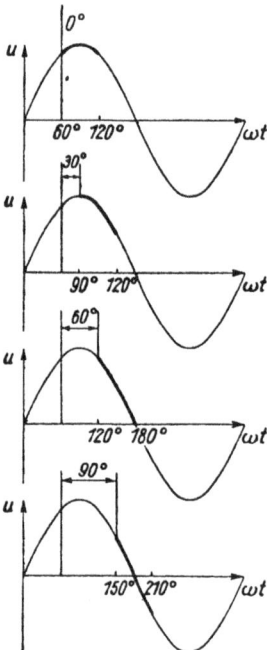

Abb. 53. Verschiebung des für die gleichgichtete Spannung benutzten Spannungsausschnittes innerhalb der Sinusspannung bei der sechsphasigen Gleichrichtung nach Abb. 10 und 24.

lauf der gleichgerichteten Spannung, wie ihn Abb. 54 oben an zweiter Stelle zeigt. Dieser Verlauf ist wesentlich welliger als die ursprüngliche Spannung oben — aber wir haben ja gesehen, daß durch eine Glättungsdrossel das ausgeglichen werden kann — und zugleich ist der Mittelwert der gleichgerichteten Spannung abgesenkt.

Wir können nun die Bürste weiter verschieben und damit den benutzten Bereich der Sinusspannung immer weiter nacheilen lassen, bis die gleichgerichtete Spannung im Mittel Null wird. Abb. 53 zeigt diese Verschiebung für die Spannung u_{6-0}, die gültig ist für alle Spannungen. Die Umbildung der gesamten gleichgerichteten Spannung mit wachsender Verschiebung gibt Abb. 54 wieder. Der jeweilige Mittelwert ist gestrichelt eingezeichnet. Wir sehen, daß der Mittelwert wieder Null wird, wenn die Verschiebung 90^0 geworden ist. Die gleichgerichtete Spannung ist eine reine Wechselspannung geworden. Man kann also eigentlich nicht mehr von einer gleichgerichteten Spannung sprechen.

Wird die Verschiebung über 90^0 hinaus gesteigert, so wird die gleichgerichtete Spannung negativ. Darauf wird später näher eingegangen. Mit diesem Spannungsverlauf nach Abb. 54 stimmt bei Belastung mit ohmschen Wider-

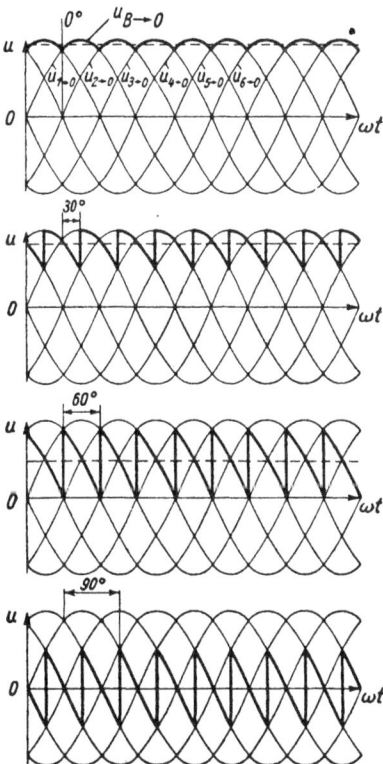

Abb. 54. Absenkung der mittleren gleichgerichteten Spannung bei der sechsphasigen Gleichrichtung nach Abb. 10 und 24.

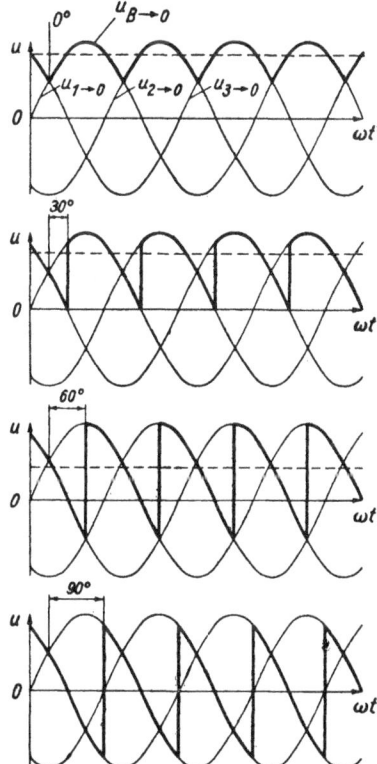

Abb. 55. Absenkung der mittleren gleichgerichteten Spannung bei der dreiphasigen Gleichrichtung nach Abb. 7 und 21.

stand auch der Strom überein. Durch Einfügen einer Glättungsdrossel kann
der Strom mehr oder weniger zu einem reinen Gleichstrom werden.

Was an diesen Bildern für die Sechsphasengleichrichtung gezeigt wurde, läßt
sich auch auf alle anderen Mehrphasengleichrichter übertragen. So zeigt uns
Abb. 55 die gleichgerichtete Spannung der Dreiphasengleichrichtung mit
steigender Ringverdrehung bzw. Bürstennacheilung. Diese zeigt grundsätzlich
den gleichen Charakter wie bei der Sechsphasengleichrichtung, nur daß der
sich über die Sinusspannung verschiebende Ausschnitt hier 120° el. breit ist.
Bei 90° Nacheilung ergibt sich wieder als mittlere gleichgerichtete Spannung
Null.

Der Vergleich der Abb. 51 bis 55 zeigt uns, daß die gleichgerichtete Spannung
ganz allgemein bei 90° el. Bürstennacheilung zu Null wird. Das gilt unabhängig von der Zahl der in den einzelnen Anordnungen verwendeten Spannungen. Wenn wir die Bürstennacheilung mit α bezeichnen und mit u_m den Mittelwert der gleichgerichteten Spannung, so gilt allgemein die Beziehung:

$$u_m = (u_m)_{max} \cdot \cos \alpha.$$

*Der bei einer bestimmten Bürstenverschiebung erreichte Wert der mittleren
gleichgerichteten Spannung ist proportional dem Cosinus des Nacheilwinkels.*

Bei Steuerung verzögert sich die Einschaltdauer $\beta = \dfrac{2\,\pi}{p}$ gegenüber der Lage
symmetrisch zum Spitzenwert der Wechselspannung um den Winkel α,
daher gilt jetzt:

$$\frac{\text{Mittelwert der gleichgerichteten Spannung}}{\text{Effektivwert der Phasenspannung}} = \frac{1}{2\,\pi/p} \int\limits_{-\frac{\pi}{p}+\alpha}^{+\frac{\pi}{p}+\alpha} \sqrt{2}\,\cos \omega t\, d\omega t$$

$$= \frac{1}{2\,\pi/p}\,\sqrt{2}\left[\sin\left(\frac{\pi}{p}+\alpha\right)+\sin\left(\frac{\pi}{p}-\alpha\right)\right] = \frac{1}{2\,\pi/p}\,\sqrt{2}\,\alpha\,\sin\frac{\pi}{p}\,\cos\alpha.$$

Der Vergleich mit der Beziehung für die ungesteuerte Gleichrichtung auf
S. 14 bestätigt die obige Beziehung. Wie die Liniendiagramme Bild 52, 54
und 55 erkennen lassen, steigt die überlagerte Wechselspannung mit der
Zündverzögerung α wesentlich an. Die Fourier-Analyse zeigt, daß auch beim
gesteuerten Gleichrichter nur Oberwellen der Ordnungszahl $n \cdot p$ auftreten,
d. h. mit den Frequenzen $f = n \cdot p \cdot f_{50}$. Die folgende Tabelle enthält den
Effektivwert der Oberwellen bezogen auf den Mittelwert der gleichgerichteten Spannung:

$$n \cdot p =$$

$\cos \alpha$	2	3	4	6	8	9	12	18
1	0,47	0,18	0,094	0,044	0,025	0,017	0,01	0,0044
0,9	0,58	0,27	0.18	0,12	0,08	0,07	0,05	0,03
0,8	0,67	0,35	0,23	0,16	0,11	0,09	0,07	0,05
0,7	0,74	0,40	0,27	0,18	0,13	0,11	0,08	0,06
0,5	0,85	0,47	0,33	0,21	0,16	0,14	0,11	0,07
0	0,95	0,53	0,38	0,25	0,18	0,16	0,12	0,08

Wir haben gesehen, daß sich die Gleichspannungsbildung beim Einankerumformer auf die Gleichrichtung bei den Grundformen zurückführen läßt. Ebenso
läßt sich grundsätzlich die Regelung durch Bürstennacheilung auf den Einankerumformer übertragen. Es ist ja bekannt, daß man durch Herausdrehen
der Bürsten aus der neutralen Achse die Gleichspannung herabsetzen kann.
Bei Verdrehung um 90^0 wird diese Null. Man macht allerdings von dieser
Möglichkeit keinen Gebrauch, da der Umschaltvorgang beim Übergang der
Bürsten von Segment zu Segment nur beherrschbar ist für die neutrale Lage
der Bürsten. Aber das Prinzip der Regelung ist das an den Grundformen
betrachtete, nur daß beim Einankerumformer ein vielphasiges System vorliegt,
so daß der Ausschnitt aus der Sinusspannung nur sehr schmal ist.

Auch beim Kontaktgleichrichter, der ja unmittelbar in der Wirkungsweise
mit dem Kollektorgleichrichter in der Grundform übereinstimmt, ist die
Regelung durch Nacheilung des Kontaktschließungsbereiches möglich. Allerdings kann hierbei das Stromumschaltproblem nur in gewissen Grenzen durch
Verwendung der Umschaltdrosselspulen beherrscht werden.

Beim Ventilgleichrichter dagegen bestehen keine Schwierigkeiten hinsichtlich
des Umschaltvorganges, so daß eine Regelung durch eine der Bürstennacheilung
entsprechende Zündverzögerung möglich ist, wie der folgende Abschnitt
zeigen soll.

b) Die Regelung der Spannung bei der Gleichrichtung mit Ventilen

Die Bürstenverschiebung beim Kollektorgleichrichter entspricht beim Ventilgleichrichter die Zündverzögerung. Was darunter zu verstehen ist, sei im
Folgenden näher auseinandergesetzt.

Wir gehen dazu von einer einfachen Anordnung nach Abb. 56 aus. An eine
Gleichspannung, die mittels eines Spannungsteilers veränderlich ist, sei ein
Ventil S über einen Widerstand R angeschlossen. Wenn wir nun die Spannung
von Null ausgehend allmählich steigern, so zündet das Ventil, d. h.
wird stromdurchlässig schon bei verhältnismäßig kleiner Spannung. (Praktisch
bei 15 bis 25 Volt für Gasentladungsgefäße, wir haben diese Spannung in
unserer Betrachtung vernachlässigt). Der Strom ist dann fast ausschließlich
durch den Widerstand R begrenzt. Das veranschaulicht Abb. 56 rechts.
Wir sehen gestrichelt den angenommenen Verlauf des Spannungsanstieges
an der Reihenschaltung von Ventil und Widerstand R, und voll ausgezogen
den Spannungsverlauf u_{3-5} am Ventil selbst, darunter den zugehörigen Strom.

Wenn jetzt das Stromrichtergefäß mit einem Gitter ausgerüstet ist, so kann die Zündung
verhindert werden, wenn die
Gitterspannung genügend negativ
gemacht wird. Die Stromdurchlässigkeit setzt erst ein, wenn die
Gitterspannung vom Negativen
ins Positive übergeht. Dies ver-

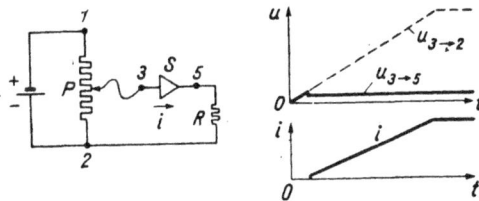

Abb. 56. Schaltbild zur Zündung eines Gasentladungsventiles durch Erhöhung der Spannung sowie
Spannungs- und Stromverlauf dabei.

anschaulicht Abb. 57. Links ist das zugehörige Schaltschema. Wir nehmen jetzt an, das Ventil sei fest an die unveränderliche Gleichspannung u_{3-2} angeschlossen und der Kreis könne durch den Schalter T geschlossen werden. Dagegen die Spannung am Gitter kann verändert werden, und zwar mittels eines Spannungsteilerwiderstandes P von negativen zu positiven Werten. In Abb. 57 ist die Spannung zunächst negativ angenommen. Dadurch kann die Zündung des Ventiles S verhindert werden. Schließt man zur Zeit $t = 0$ den Schalter T, so erscheint die Spannung am Ventil, es fließt aber kein Strom. Dieser Zustand entspricht dem linken Teil des Liniendiagrammes in Abb. 57 bis $t = t_1$. Wenn jetzt die Gitterspannung, wie angedeutet, von ihrem negativen Wert ins Positive verschoben wird, so zündet das Ventil, wir nehmen mal an beim Nulldurchgang der Gitterspannung. (Es kann auch irgend ein anderer Wert sein, je nach der Zündkennlinie des Ventiles, die bei den einzelnen Ventilen verschiedene Werte aufweist.) Der Strom i springt bei $t = t_2$ an auf einen Wert, der durch den Widerstand R bestimmt ist; die Spannung am Ventil u_{3-5} bricht

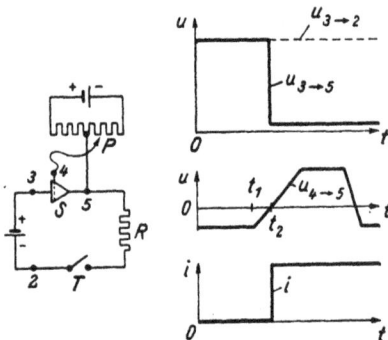

Abb. 57. Schaltbild zur Zündung eines Gasentladungsventiles mittels Steuergitter sowie Spannungs- und Stromverlauf dabei.

zusammen bis auf die Brennspannung. Wenn wir jetzt die Gitterspannung wieder negativ werden lassen, wie angedeutet, so ändert das an den Stromspannungsverhältnissen im Hauptkreis nichts. *Man kann durch negative Gitterspannung wohl die Zündung verhindern, aber ein gezündetes und stromführendes Ventil nicht löschen.* Zur Löschung muß der Schalter T kurzzeitig geöffnet werden. Beim Wiedereinschalten ist dann das Ventil wieder sperrfähig.

Wir haben gesehen, daß in den Stromrichteranordnungen die Löschung der Ventile durch Zündung des jeweilig in der Stromführung folgenden erfolgt. Dagegen die Zündung setzt mit dem Beginn positiver Spannung am Ventil ein. Wenn man jetzt diese Zündung verzögert, so erreicht man beim Ventilgleichrichter das gleiche wie beim Kollektorgleichrichter durch Bürstenverschiebung. Um eine Zündverzögerung zu erzwingen, darf die Gitterspannung erst im gewünschten Zeitpunkt vom Negativen ins Positive übergehen. Und da ja jedes Ventil periodisch wieder gezündet werden muß, so muß die Gitterspannung auch diesen Übergang periodisch wiederholt aufweisen. Am einfachsten ist dann als Gitterspannung eine sinusförmige Wechselspannung zu wählen, die in der Phasenlage wählbar ist und so eingestellt wird, daß sie im gewollten Zündzeitpunkt durch Null geht und in die positive Halbwelle übergeht.

Wie sich das auswirkt, wollen wir am Beispiel des dreiphasigen Einweggleichrichters behandeln.

Abb. 58 oben gibt die Schaltung an. Der Hauptteil stimmt überein mit der Anordnung in Abb. 20 bzw. 25. Hinzu kommt noch der stark ausgezogene Teil für die Festlegung der Gitterspannungen. Dieser Teil besteht aus einem Drehtransformator D, dessen Primärseite am Haupttransformator liegt und dessen Sekundärseite drei Spannungen abgibt, deren Phasenlage einstellbar ist in Bezug auf die des Haupttransformators.

In Abb. 58 unten sind Liniendiagramme angegeben, für den Fall, daß die Zündverzögerung 25⁰ el. betragen soll. Es sind zunächst die drei Transfor-

matorspannungen u_{1-0}, u_{2-0} und u_{3-0} aufgezeichnet. Wir betrachten die Zündbedingungen des zweiten Ventiles. Beim ungeregelten Stromrichter zündet das zweite Ventil, wie wir gesehen haben, beim Schnittpunkt der zugehörigen Spannung u_{2-0} mit der vorhergehenden Spannung u_{1-0}. Dieser Zeitpunkt liegt in Abb. 58 bei $\omega t = 150^0$. Durch negative Gitterspannung wird nun die Zündung zu diesem Zeitpunkt verhindert. Die Gitterspannung u_{6-4} ist noch negativ und wird beispielsweise erst um $\alpha = 25^0$ später positiv. In dem Bereich von $\omega t = 150^0$ bis $\omega t = 175^0$ liegt dann positive Spannung am Ventil, ohne das es zur Zündung kommen kann. Das zeigt uns Abb. 58 unten am Verlauf der Spannung u_{2-4}. In diesem Bereich verläuft sie wie die Differenz der beiden Phasenspannungen $u_{2-0} - u_{1-0}$, und würde so weiterlaufen, wenn nicht bei

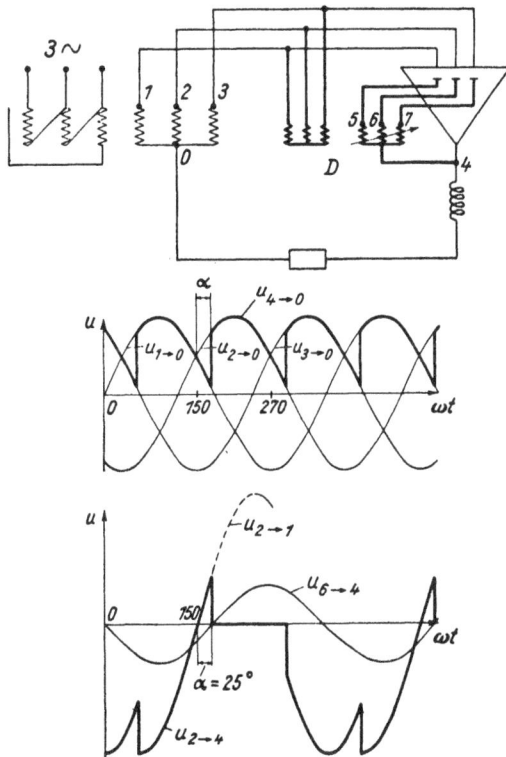

Abb. 58. Schaltbild zur Regelung der gleichgerichteten Spannung mittels Drehregler im Gitterkreis beim dreiphasigen Gleichrichter, sowie Verlauf der Spannungen bei 25⁰ Zündverzögerung.

$\omega t = 150 + \alpha$ eine Zündung erfolgen würde. Dabei bricht dann die Spannung am Ventil zusammen, wie in Abb. 58 unten gezeichnet.

Da nun das in der Stromführung folgende Ventil ebenfalls um 25⁰ in der Zündung verzögert ist, so bleibt die Stromführungsdauer von 120⁰ elektrisch erhalten, da die Löschung erst mit Zündung des folgenden Ventiles einsetzt. Während dieser Zeit ist die Spannung am betrachteten Ventil Null (bzw. gleich der Brennspannung) und springt dann nach der Löschung auf negative Werte. Dieser Sprung ins Negative steht im Gegensatz zum Spannungsverlauf am

4*

ungeregelten Ventil nach Abb. 21, wo die Spannung allmählich ins Negative geht. Sie ist eine Folge der Zündverzögerung und ist von Bedeutung für die Beanspruchung des Stromrichters, wie später gezeigt. So entsteht der in Abb. 58 gezeichnete Verlauf der gleichgerichteten Spannung.

Auf diese Weise gewinnen wir also durch Zündverzögerung die gleiche Absenkung der gleichgerichteten Spannung, wie beim Kollektorgleichrichter durch Bürstenverschiebung. Es besteht aber doch ein Unterschied, der mit dem Unterschied der Spannungsgleichrichtung zur Stromgleichrichtung zusammenhängt. Beim Kollektorgleichrichter wird die Spannung unabhängig von der Art der Belastung in der durch die Abb. 51 bis 55 veranschaulichten Weise festgelegt. Bei Ohmscher Belastung würde der Strom in seinem Verlauf mit der gleichgerichteten Spannung übereinstimmen. Wenn wir uns daraufhin Abb. 55 ansehen, so würde der Strom bei großer Bürstennacheilung in den beiden unteren Diagrammen entsprechend der negativen Teile der gleichgerichteten Spannung auch negativ werden. Beim Ventilgleichrichter ist nun ein negativer Strom nicht möglich, daher würden bei ohmscher Belastung die negativen Teile der gleichgerichteten Spannung in den Abb. 51 bis 55 fortfallen, d. h. der Strom würde in diesen Zeitbereichen aussetzen. Im Nulldurchgang der Spannung und damit des Stromes reißt der Strom ab, das gerade stromführende Ventil löscht und das folgende zündet erst dann, wenn die Gitterspannung positiv wird. Man spricht infolgedessen von „lückenhaftem Betrieb" des Gleichrichters.

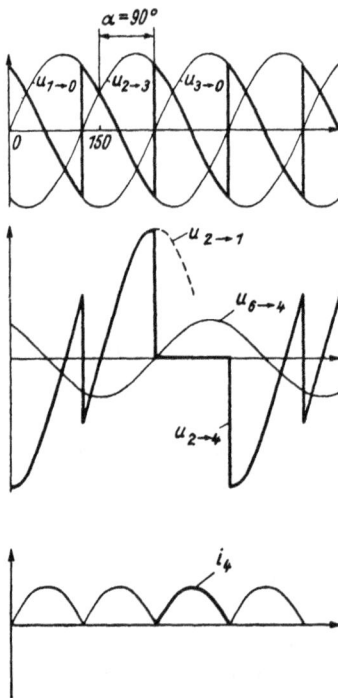

Abb. 59. Spannungs- und Stromverlauf des geregelten dreiphasigen Gleichrichters nach Abb. 58 bei 90° Zündverzögerung.

Es kann aber die gleichgerichtete Spannung des Kollektors mit Spannungsgleichrichtung auch beim Ventilgleichrichter mit Stromgleichrichtung erzwungen werden, wenn wir in den Belastungszweig eine Glättungsdrossel einfügen. Infolge der hohen Welligkeit der gleichgerichteten Spannung bei Zündverzögerung ist praktisch sowieso eine Glättungsdrossel notwendig. Diese bewirkt, wie wir schon wissen, daß der Strom im Belastungszweig sich einem reinen Gleichstrom annähert und dadurch fließt er auch weiter in den Bereichen, in denen die „gleichgerichtete" Spannung negativ ist. Man spricht dann vom lückenlosen Betrieb.

Es erscheint paradox, hier noch von gleichgerichteter Spannung zu sprechen. Es ist aber doch insofern berechtigt, als die Mindestbedingung für lückenlosen Betrieb die ist, daß der Mittelwert der gleichgerichteten Spannung größer als Null und positiv ist, d. h. aber, der Mittelwert der positiven Teile der gleichgerichteten Spannung muß größer sein als der der negativen Teile. Im Grenzfall können beide Teile gerade gleich sein. Das ist bei $\alpha = 90^0$ Zündverzögerung, wie wir bereits beim Kollektor gesehen haben. Abb. 59 oben gibt dafür nochmals die gleichgerichtete Spannung beim dreiphasigen Gleichrichter wieder. Dieser Fall ist nur theoretisch denkbar für einen verlustlosen Gleichrichter bei vollständigem Kurzschluß über eine ideale Drossel.

Um den Einfluß der Drossel beim gesteuerten Ventilgleichrichter uns näher zu veranschaulichen, gehen wir von diesem Fall aus. Abb. 59 zeigt uns oben die mögliche gleichgerichtete Spannung. Bei ohmscher Belastung würden nur die positiven Spitzen dieser Spannung erscheinen. Während der negativen Spitzen würde der Strom unterbrochen sein. Der Stromverlauf würde den positiven Spitzen proportional sein.

Wenn wir jetzt an Stelle des Widerstandes eine verlustlos gedachte Drossel in den Kathodenzweig einfügen würden, so ergäbe sich ein Strom nach Abb. 59 unten und die gleichgerichtete Spannung hätte den vollen Verlauf nach Abb. 59 oben. Für das zweite Ventil ist der Strom unten stark hervorgehoben. Das Ventil zündet bei $\omega t = 150^0 + 90^0$ und der Strom steigt an, solange die gleichgerichtete Spannung positiv ist; der Strom fällt ab im negativen Teil der gleichgerichteten Spannung. Wenn wir die Drossel sehr groß wählen würden, bliebe der Stromverlauf erhalten, nur die Stromhöhe würde abnehmen und schließlich der Strom ganz unterdrückt werden. Es handelt sich ja um einen jedesmal neuen Beginn des Stromverlaufes. Die Ströme über jedes Ventil stoßen gerade aneinander, ohne daß eine Ablösung eintritt.

Wenn aber bei dieser Zündverzögerung zur Drossel auch noch ein Widerstand in den Zweig eingefügt würde, so würde die Stromführungsdauer sich verkürzen und der Stromverlauf lückenhaft werden.

In der Mitte von Abb. 59 ist die Gitterspannung u_{6-4} und die Spannung am zweiten Ventil u_{2-4} angegeben. Wir sehen daran, daß kurz vor der Zündung bei hoher positiver Spannung vom Gitter her das Ventil gesperrt werden muß. Wir wollen uns nun weiter überlegen, was geschieht, wenn die Zündverzögerung verringert wird.

Dann überwiegt wieder der positive Anteil in der gleichgerichteten Spannung und der Strom ist unter folgender Bedingung lückenlos. Nehmen wir an, ein Ventil zündet zuerst beim vorgegebenen Zündwinkel. Dann steigt der Strom zunächst an. An der Glättungsdrossel liegt die Differenz von Transformatorspannung und Spannung am Belastungswiderstand. Der Anstieg dauert solange an, als diese Differenz positiv ist und fällt bei negativen Werten wieder ab. Der Strom wird lückenlos, wenn der erste Anstieg den Abfall überwiegt. Dann übernimmt nämlich das folgende Ventil den Reststrom und der Strom steigt weiter an, bis Anstieg und Abfall einander gleich geworden sind.

Wir können die Bedingung für lückenlosen Strom auch so fassen: Die Drossel muß so groß sein, daß der überlagerte Wechselstrom in seinem Spitzenwert kleiner als der Gleichstrom ist, der seinerseits durch die Größe des Widerstandes bestimmt wird. Lückenloser Strom im ganzen Steuerbereich ist

unerlässige Bedingung für die sichere Abhängigkeit der mittleren gleichgerichteten Spannung vom Zündverzögerungswinkel.

Was für den Dreiphaseneinweggleichrichter gezeigt wurde, läßt sich auch
auf den Einphasen- und Sechsphasengleichrichter übertragen. Für deren
gleichgerichtete Spannung gelten daher bei Regelung die Abb. 51 und 54.

Die Bedingung für lückenlosen Kathodenstrom läßt sich annähernd angeben,
unter der Voraussetzung, daß die Kathodendrossel der maßgebende Wechselstromwiderstand im Gleichstromzweig ist, mit Hilfe des Effektivwertes der
Grundwelle der überlagerten Wechselspannung. Der Spitzenwert des dadurch
verursachten Wechselstroms muß kleiner sein als der minimale Gleichstrom,
für den noch lückenloser Betrieb gewährleistet wird:

$$\frac{u_{e(n\,p)}}{n\,p\cdot\omega\,L} \leqq (i_m)_{\text{min}}.$$

Diese Bedingung legt die Größe der notwendigen Kathodendrossel fest:

$$\omega\,L \geqq \frac{u_{e(n\,p)}}{n\cdot p\cdot (i_m)_{\text{min}}}, \quad u_{np} \text{ nach Tabelle S. 48.}$$

Die Kathodendrossel wird durch den Gleichstrom vormagnetisiert und muß
einen Luftspalt erhalten. Für die Typenleistung als Einphasentransformator
betrachtet gilt:

$$N_{\text{type}} \approx \frac{J_m^2\,\omega\,L}{2\,\sqrt{2}} \cdot \frac{\hat{B}_T}{\hat{B}_D}.$$

Benutzen wir einen Einphasentransformator-Kern als Kathodendrossel, so
existiert bei voller Ausnutzung der zulässigen Stromwindungen, $J_m \cdot W$, ein
günstigster Luftspalt, für den die höchste Induktivität erreichbar ist. Diesen
findet man im Verhältnis zur Eisenlänge l_{Fe} durch Scherung der Magnetisierungskennlinie und Bestimmung ihrer höchsten Neigung bei $\dfrac{J_m\,W}{l_{Fe}} = H_0$
für veränderlichen Luftspalt. Bei diesem günstigsten Luftspalt möge sich
in der Drossel eine Induktion $\hat{B}_D$ durch die Stromwindungen $J_m \cdot W$ ergeben.
Dann ist die bei dieser Induktion mögliche Wechselspannung des Einphasen-
transformators:

$$u_w = 4{,}44 \cdot \hat{B}_D \cdot F \cdot f \cdot w$$

und infolge der Aufteilung der Wicklung beim Transformator auf zwei Hälften,
wäre die übertragbare Leistung:

$$N = 4{,}44 \cdot \hat{B}_D \cdot F \cdot f \cdot w \cdot \frac{i_m}{2}.$$

Andererseits ist aber bei dem annähernd gradlinigen Verlauf der gescherten
Magnetisierungskennlinie die Induktivität gegeben durch:

$$L \approx \frac{w \cdot \hat{B}_D\,F}{i_m},$$

so daß sich für die übertragbare Leistung ergibt:

$$N = 4{,}44\,f \cdot L\,\frac{i_m^2}{2} = \frac{\omega\,L \cdot i_m^2}{2\,\sqrt{2}}.$$

Schließlich muß noch berücksichtigt werden, daß der Transformator mit einer meist höheren Induktion $\hat{B}_T$ betrieben werden kann, sodaß dann die obige Formel zur annähernden Berechnung der Drosseltype entsteht.

Für den Zweiphasenvollweggleichrichter nach Abb. 48 und 49 haben wir gesehen, daß er aus der Reihenschaltung zweier Zweiphaseneinweggleichrichter besteht, deren Spannungen um 180⁰ verschoben sind. Demgemäß gilt für seine Spannung bei Regelung die Summe zweier Spannungen, nach Abb. 52, die um 180⁰ gegeneinander verschoben sind. Diese Verschiebung hat aber keine Bedeutung, da bei 180⁰ Verschiebung die Spannungen sich wieder decken. So können wir auch sagen, es gilt der Spannungsverlauf nach Abb. 52, abgesehen von der Größe.

Ebenso hatten wir für den Dreiphasen-Vollweggleichrichter nach Abb. 26 und 28 festgestellt, daß es sich hierbei um die Reihenschaltung zweier Dreiphasen-Einweggleichrichter handelt, die auch um 180⁰ gegeneinander verschoben sind. Dabei decken sich aber die beiden gleichgerichteten Spannungen nicht und bei der Summenbildung entstand eine Spannung, die mit der des sechsphasigen Einweggleichrichters übereinstimmt. Diese Überlegung gilt auch uneingeschränkt für den geregelten Dreiphasen-Vollweggleichrichter, so daß seine Spannung übereinstimmt mit der des sechsphasigen Einweggleichrichters nach Abb. 54, abgesehen von der Höhe, während jeder Dreiphasengleichrichter für sich einen Spannungsverlauf nach Abb. 55 aufweist, wobei die des einen Systems um 60⁰ gegen die des anderen verschoben zu denken ist. Die Summe zweier solcher Spannungen nach Abb. 55 ergibt allerdings eine um $\sqrt{3}$ höhere Spannung als in Abb. 54 gezeichnet.

Beim gesteuerten Doppeldreiphasengleichrichter mit Saugdrossel hat jede gleichgerichtete Spannung der parallel arbeitenden Gleichrichter den Verlauf der eines Dreiphasengleichrichters. Da die überlagerten Wechselspannungen bezogen auf ihre Grundwelle um 180⁰ elektr. verschoben sind, so ist in der Ausgangsspannung nur eine überlagerte Wechselspannung wie beim gesteuerten Sechsphasengleichrichter wirksam. Für diese muß die Kathodendrossel bemessen werden.

Für die Saugdrossel ist aber die Differenz der Wechselspannungen wirksam und daher enthält die *Saugdrosselspannung* die Oberwellen mit ungradzahligen Ordnungszahlen $n \cdot p$, d. h. hauptsächlich die 3. und 9. Oberwelle nach obiger Zahlentafel mit *doppeltem* Effektivwert. Die Saugdrossel ist so zu bemessen, daß der diesen Oberwellen entsprechende Strom im Spitzenwert kleiner ist als der minimale Gleichstrom, für den die Doppeldreiphasenbetriebsweise noch gewährleistet werden soll. Das bedingt ein Anwachsen der notwendigen Typenleistung der Saugdrossel mit der Zündverzögerung. Die Saugdrossel enthält jedoch *keinen* Luftspalt, weil die Gleichstrommagnetisierungen der beiden Hälften sich kompensieren. Die Saugdrossel ist also als eisengeschlossene Drossel so zu bemessen, daß der Magnetisierungsstrom bei der Spannung 3 facher Grundfrequenz den vorgegebenen minimalen Spitzenwert hat. Entsprechend ist die Induktion im Eisenkern festzusetzen, die außerdem noch durch die zulässigen Eisenverluste bei 3 facher Frequenz bestimmt wird.

Allgemein können wir also sagen, der Ventilgleichrichter gibt bei Zündverzögerung den gleichen Verlauf der gleichgerichteten Spannung wie der entsprechende Kollektorgleichrichter in der Grundform mit Bürstennacheilung, wenn durch eine Glättungsdrossel im Gleichstromzweig der Wechselstromanteil soweit unterdrückt wird, daß der Strom über den Regelbereich lückenlos ist. *Einer Regelung der gleichgerichteten Spannung zwischen Höchstwert und Null entspricht eine Änderung der Zündverzögerung von 0 bis 90° el. unabhängig von der Art der Schaltung.* Wir werden später sehen, daß grundsätzlich die Regelung der gleichgerichteten Spannung mit Blindleistungsaufnahmen vom speisenden Drehstromnetz verbunden ist.

5. Die Ströme im Transformator

a) Die Sekundärströme

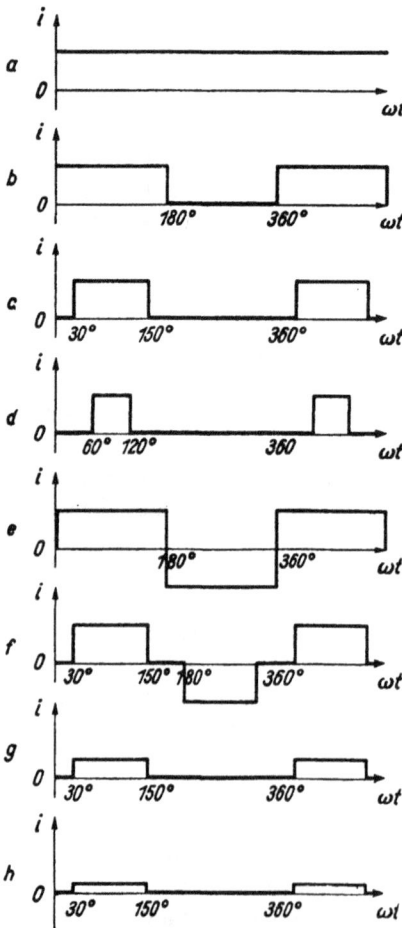

Abb. 60. Gleichgerichteter Strom (a) und Sekundärströme (b) bei Ventilgleichrichtern mit großer Glättungsdrossel.

Bei Behandlung der Wirkungsweise des Ventilgleichrichters haben wir auch die Ströme über die Ventile kennengelernt. Wir haben gesehen, daß es möglich ist, durch eine Glättungsdrossel im Gleichstromzweig den überlagerten Wechselstrom zu unterdrücken und dann nimmt der Verlauf der Ventilströme rechteckige Formen an. Bei den Einwegschaltungen — nach Abb. 45 für den Einphasengleichrichter nach Abb. 20 und 25 für den Dreiphasengleichrichter und nach Abb. 23 für den Sechsphasengleichrichter — kann man auch sagen, der Gleichstrom teilt sich innerhalb einer Periode auf 2, 3 oder 6 Ventile auf. Jedes Ventil führt den Strom dann $1/2$, $1/3$, oder $1/6$ Periode lang. Die Effektivwerte dieser Ströme sind $1/\sqrt{2}$, $1/\sqrt{3}$ oder $1/\sqrt{6}$ vom Gleichstrom. Bei den Einwegschaltungen gehört zu jedem Ventil auch eine Transformatorwicklung, so daß die Ventilströme zugleich die Wicklungsströme sind. Diese Ströme sind in Abb. 60b, c und d wiedergegeben. Während 60a den zugehörigen Gleichstrom zeigt.

Bei der Zweiphasenvollwegschaltung nach Abb. 48 und 50 und der Dreiphasenvollwegschaltung nach Abb. 28

sind an jede Transformatorwicklung zwei Ventile angeschlossen für umgekehrte Stromrichtung, so daß auch jede Transformatorwicklung zwei Ventilströme führt. So entstehen die Wicklungsströme in Abb. 60e und f. Und zwar entsteht der Strom in 60e durch zwei Ströme nach 60b und der Strom nach 60f durch zwei Ströme nach 60c. Der Strom des Zweiphasenvollweggleichrichters nach 60e hat den gleichen Effektivwert wie der Gleichstrom in 60a, während für den Strom des Dreiphasenvollweggleichrichters nach 60f ein Effektivwert von $\sqrt{2}/\sqrt{3}$ des Gleichstromes gilt.

Die Dreiphasengleichrichtung mit Saugdrossel besteht, wie wir gesehen haben, hinsichtlich der Sekundärseite des Transformators aus zwei parallelarbeitenden Dreiphasengleichrichtern, die jede den halben Gleichrichterstrom liefern. Somit ist der Wicklungsstrom wie beim Dreiphasengleichrichter $^1/_3$ Periode breit, wie Abb. 60g zeigt, aber jetzt nur halb so hoch wie in 60a.

Wenn wir vier Dreiphasengleichrichter parallel schalten über drei Saugtransformatoren nach Abb. 36, bleibt die Stromform Abb. 60h die gleiche, nur daß der Strom die Höhe von $^1/_4$ des Gleichstromes hat.

b) Die Primärströme

Die Aufstellung der Schaltgruppen und Schaltungen von Gleichrichtertransformatoren nach VDE 0555/1940 enthält Tafel I am Schluß. Die bisher behandelten Dreiphasen-, Sechsphasen- und Doppeldreiphaseneinwegschaltungen sind hierin unter A 2, S 2 und S 4 aufgeführt, und zwar mit primärer Sternschaltung; mit primärer Dreieckschaltung sind sie unter C 1, S 1 und S 3 aufgeführt. Hierzu gehören auch noch die Schaltungen S 5 und S 6, wo lediglich die Sekundärwicklungen aufgeteilt sind. Alle diese Schaltungen sind insofern miteinander übereinstimmend, als sie alle sekundär eine einfache Sternschaltung aufweisen.

Die anderen noch in der Tafel enthaltenen Schaltungen zeigen sekundär eine Zickzackschaltung. Diese wählt man teils, wie wir in diesem Abschnitt sehen werden, um die Primärströme mehr der Sinusform anzugleichen, teils um die Typenleistung des Transformators, die für eine bestimmte Gleichrichterleistung benötigt wird, herabzusetzen.

An sich ist es für die behandelte Wirkungsweise der Gleichrichter gleichgültig, ob die sekundäre Dreiphasenspannung einer Zickzackwicklung entnommen wird oder nicht. So haben die Schaltungen A 3 und C 3 genau die gleiche Wirkungsweise eines Dreiphaseneinweggleichrichters wie C 1 und A 2. Ebenso haben die Schaltungen S 7 und S 8 die gleiche Wirkungsweise wie S 1 und S 2.

Wenn wir von den Sekundärströmen auf die Primärströme und die Netzströme übergehen wollen, setzen wir am einfachsten das Übersetzungsverhältnis 1:1 zwischen netzseitiger *Phasen*spannung und sekundärer *Phasen*spannung voraus. Wenn die netzseitige Phasenspannung nicht meßbar ist, bedeutet das auch ein Übersetzungsverhältnis 1:1 zwischen der netzseitigen verketteten Spannung und der sekundären dreiphasigen verketteten Spannung. Diese Voraussetzung liegt auch der Zahlentafel I nach VDE 0555 zugrunde.

Der Sekundärstrom wird nacheinander den einzelnen Phasen entnommen. Für den zugehörigen Augenblickswert des Netzstromes gilt nun beim Übersetzungsverhältnis 1:1 eine einfache Regel: *Der Netzstrom in irgendeiner Phase ist gleich zwei Drittel des Sekundärstromes mal dem Cosinus desjenigen Winkels, der im Zeigerdiagramm zwischen der sekundären Phasenspannung und der netzseitigen Phasenspannung gebildet wird.* Diese Regel führt auch dann in einfacher Weise auf den Verlauf des Netzstromes, wenn bei sekundärer Zickzackschaltung des Transformators die Übertragung des Stromes von der Sekundärseite auf die Primärseite unübersichtlich wird. Wir haben es ja in der Stromrichtertechnik im Gegensatz zur allgemeinen Wechselstromtechnik mit einer umlaufenden einphasigen Belastung des Transformators zu tun, zeitlich nacheinander für alle Phasen gleich, und da ist die Bestimmung der Ströme aus sekundärer und primärer Scheinleistung nicht möglich. Man muß dann das Amperewindungsgleichgewicht für einen bestimmten Augenblick für den Transformator bilden, was aber schließlich zum gleichen Ergebnis wie obige allgemeine Regel führt.

Wir betrachten als Beispiel die Bestimmung des netzseitigen Stromes für die Schaltung S 7 und S 8: Sechsphasengleichrichter mit sekundärer Gabelschaltung des Transformators. Insbesondere sei der Strom in der netzseitigen Phase V bestimmt. Wir beginnen mit der sekundärseitigen Stromführung in der Phase *1* und kommen dann zu folgender Aufstellung für den Netzstrom in beiden Schaltungen.

Schal-tung	Strom-führender Sekundär-zweig	Stromfüh-rungszeit von — bis	Nacheilung der sekundären Phasenspannung gegenüber der Netzphase	Cosinus des Nacheil-winkels	Augenblickswert des Netzstromes ($i_m = 1$)
	1	90 — 150	30	$+\sqrt{3/2}$	$+\sqrt{3/2} \cdot 2/3 = \quad 1/\sqrt{3}$
	2	150 — 210	90	0	$= 0$
S 8	3	210 — 270	150	$-\sqrt{3/2}$	$-\sqrt{3/2} \cdot 2/3 = -1/\sqrt{3}$
	4	270 — 330	210	$-\sqrt{3/2}$	$-\sqrt{3/2} \cdot 2/3 = -1/\sqrt{3}$
	5	330 — 390	270	0	$= 0$
	6	390 — 450	330	$+\sqrt{3/2}$	$+\sqrt{3/2} \cdot 2/3 = \quad 1/\sqrt{3}$
	1	120 — 180	60	$+1/2$	$+1/2 \cdot 2/3 = \quad 1/3$
	2	180 — 240	120	$-1/2$	$-1/2 \cdot 2/3 = -1/3$
S 7	3	240 — 300	180	-1	$-1 \cdot 2/3 = -2/3$
	4	300 — 360	240	$-1/2$	$-1/2 \cdot 2/3 = -1/3$
	5	360 — 420	300	$+1/2$	$+1/2 \cdot 2/3 = \quad 1/3$
	6	420 — 480	360	$+1$	$+1 \cdot 2/3 = \quad 2/3$

Wenn wir die Werte dieser Aufstellung in ein Liniendiagramm übertragen, erhalten wir Abb. 61 und 62. Hier sind oben die Netzphasenspannung u_{v-0} und die sekundäre Phasenspannung u_{1-mp} im Anschluß an das Vektordiagramm

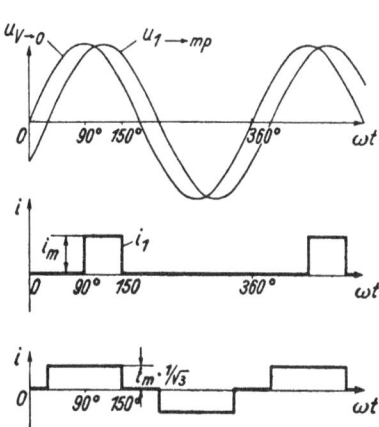

Abb. 61. Ventilstrom und Netzstrom (unten) beim Sechsphasengleichrichter mit primärer Dreieckschaltung (Schaltung S 7).

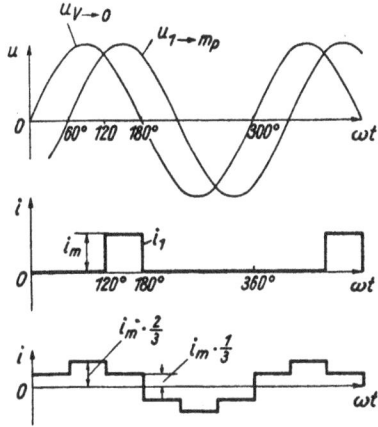

Abb. 62. Ventilstrom und Netzstrom (unten) beim Sechsphasengleichrichter mit primärer Sternschaltung. (Schaltung S 8).

der Zahlentafel I dargestellt. Darunter ist der sekundäre Phasenstrom i_1 gezeichnet, der in den Bereich der Kuppe von u_{1-0} fällt und ein 60^0 breiter Ausschnitt aus dem Gleichstrom ist. Unten ist der Netzstrom gemäß den Werten der Aufstellung aufgezeichnet. Die Grundschwingung des Netzstromes liegt in Phase mit der Phasenspannung. Der Stromverlauf ist in beiden Fällen zwar verschieden, aber der Effektivwert ist gleich. Der verschiedene Verlauf bedingt verschiedene Phasenlage der Oberschwingungen, was bei Parallelschaltung derartige Gleichrichter zur Kompensation einzelner Oberschwingungen führt.

Die Berechnung des Effektivwertes läßt sich für den Verlauf in Abb. 61 leicht übersehen. Es besteht hier der Strom aus zwei Halbwellen mit der Breite 120^0 und der Höhe $\dfrac{1}{\sqrt{3}} \cdot i_{3m}$. Diese haben den Effektivwert $\dfrac{\sqrt{2} \cdot i_{3M}}{3}$. Dieser Wert ist in der Zahlentafel enthalten.

Wir wollen als weiteres wichtiges Beispiel noch die Schaltung S 4 und S 3 behandeln. Die folgende Aufstellung gibt die Handhabe zur Zeichnung des Stromlaufes. Dabei ist zu beachten, daß die Stromhöhe je Phase beim Doppeldreiphasengleichrichter nur $\dfrac{i_{3M}}{2}$, d. h. die Hälfte des Gleichstromes beträgt, und außerdem die Strombereiche sich überschneiden, weil es sich je um zwei parallelarbeitende Dreiphasengleichrichter handelt, wie früher gezeigt. Daher sind die einzelnen Bereiche nochmal unterteilt und sind immer die für jeden Halbbereich gültigen Stromwerte zu summieren.

Schaltung	Stromführender Sekundärzweig	Stromführungszeit	Nacheilung der sekundären Phasenspannung gegenüber der Netzphase	Cosinus des Nacheilwinkels	Augenblicklicher Anteil des Netzstromes $(i_m = 1)$
S 4	1	90 — 150 — 210	60	$-1/2$	$+1/3 \cdot 1/2 = \quad 1/6$
	2	150 — 210 — 270	120	$-1/2$	$-1/3 \cdot 1/2 = -1/6$
	3	210 — 270 — 330	180	-1	$-1/3 \cdot 1 \quad = -1/3$
	4	270 — 330 — 390	240	$-1/2$	$-1/3 \cdot 1/2 = -1/6$
	5	330 — 390 — 450	300	$+1/2$	$+1/3 \cdot 1/2 = +1/6$
	6	390 — 450 — 510	360	$+1/2$	$+1/3 \cdot 1/2 = +1/6$
S 3	1	60 — 120 — 180	30	$\sqrt{3/2}$	$1/3 \cdot \sqrt{3/2} = \quad 1/2 \cdot \sqrt{3}$
	2	120 — 180 — 240	90	0	0
	3	180 — 240 — 300	150	$-\sqrt{3/2}$	$-1/3 \cdot \sqrt{3/2} = -1/2 \cdot \sqrt{3}$
	4	240 — 300 — 360	210	$-\sqrt{3/2}$	$-1/3 \cdot \sqrt{3/2} = -1/2 \cdot \sqrt{3}$
	5	300 — 360 — 420	270	0	0
	6	360 — 420 — 480	330	$+\sqrt{3/2}$	$+1/3 \cdot \sqrt{3/2} = \quad 1/2 \cdot \sqrt{3}$

So entstehen die Netzströme in Abb. 63 und 64 unten. Der Vergleich mit denen in Abb. 61 und 62 zeigt uns grundsätzlich gleichen Verlauf, nur, daß die Stromhöhe verschieden ist. Wenn wir aber bedenken, daß für die Schaltung $S4$ und $S3$ die Gleichspannung im Verhältnis 1,17 : 1,35 bei gleicher sekundärer Phasenspannung wie für $S8$ und $S7$ kleiner ist, so kommen wir bei Umrechnung auf gleiche Gleichspannung dann doch zu gleichen Netzströmen für beide Schaltgruppen.

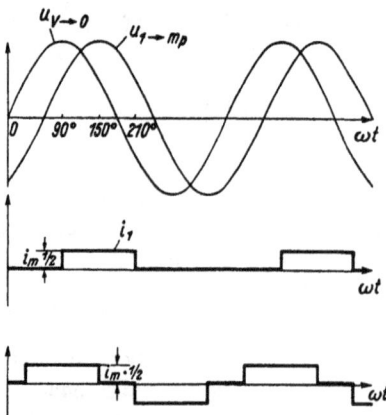

Abb. 63. Ventilstrom und Netzstrom (unten) beim Doppeldreiphasen-Gleichrichter mit Saugdrossel und primärer Sternschaltung (Schaltung S 4).

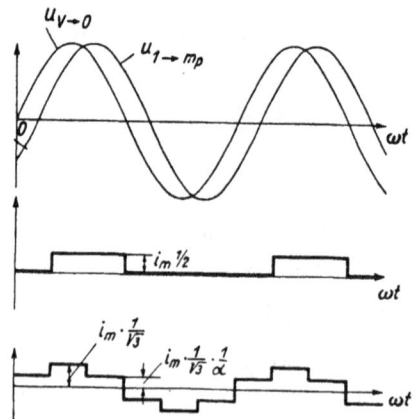

Abb. 64. Ventilstrom und Netzstrom (unten) beim Doppeldreiphasen-Gleichrichter mit Saugdrossel und primärer Dreieckschaltung (Schaltung S 3).

Nach dem Vorbild dieser Beispiele können die Netzströme für alle anderen Schaltungen gefunden werden. Zunächst stellen wir fest, daß die Schaltungen $S\,5$ und $S\,6$ gleiche Netzströme mit $S\,3$ und $S\,4$ haben müssen, denn die sekundäre Aufteilung des Stromes ist für die Netzseite ohne Bedeutung. Auf Grund der gleichen Phasenlage der sekundären Spannungen muß ferner die Schaltung $S\,1$ den gleichen Netzstrom wie $S\,8$ aufweisen. Die Schaltung $S\,2$ ist nicht näher behandelt, da die nähere Untersuchung zeigt, daß sie auf die Schaltung $S\,9$ hinführt, wobei die Jochstreuinduktivitäten die Rolle der Saugdrossel übernehmen. Darauf wird an anderer Stelle näher eingegangen.

Den Netzstrom bei Zwölfphasengleichrichtern der Gruppe Z zeigt Abb. 65. Und zwar gilt der obere Strom für Z_1 und Z_2. Hier besteht kein Unterschied mehr zwischen primärer Dreieck- und Sternschaltung des Transformators. Den Netzstrom der Schaltung Z_3 mit Parallelschaltung zweier Doppeldreiphasengleichrichter gewinnen wir sinngemäß durch Addition der halben Netzströme aus Abb. 63 und 64. Er ist in Abb. 65 unten gezeichnet. Wir sehen, wie diese Ströme sich schon weitgehend der Sinusform anpassen. Praktisch ist diese Anpassung noch besser, denn die Berücksichtigung des Umschaltvorganges führt dazu, daß die scharfen Ecken des treppenförmigen Stromverlaufes abgeflacht werden. Die Abflachung im Anstieg und Abfall der Sekundärströme überträgt sich auf die Netzseite.

Der Netzstrom der Dreiphasengleichrichter ist unmittelbar aus dem Vektordiagramm zu ersehen. In der Gruppe A, deren Strom Abb. 66 zeigt, ist die sekundäre Phasenspannung u_{v-0} und Netzphasenspannung u_{V-0} gleichlaufend, die beiden anderen sekundären Spannungen sind um 120^0 und 240^0 nacheilend ($\cos\alpha = -1/2$). Daher erscheint nach der allgemeinen Regel bei Stromführung im sekundären Zweig v der Strom in der Höhe 2/3 und bei Stromführung der anderen Phase mit $-1/3$, wie Abb. 66 oben zeigt.

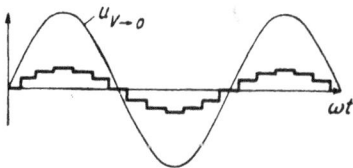

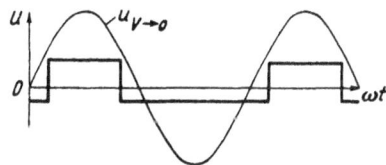

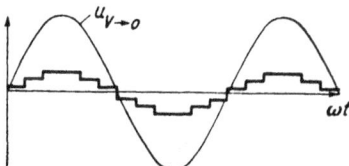

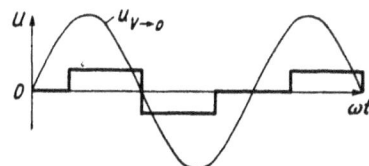

Abb. 65. Netzströme beim Zwölfphasengleichrichter.
Oben: Schaltung Z_1 und Z_2.
Unten: Schaltung Z_3.

Abb. 66. Netzströme beim dreiphasigen Gleichrichter mit primärer Sternschaltung (oben) und primärer Dreieckschaltung (unten).

In der Gruppe C ist die sekundäre Phasenspannung u_{w-0} 270° nacheilend gegenüber primär u_{V-0}. Der zugehörige Strom erscheint nicht im primären Zweig V ($\cos \alpha = 0$). Dagegen wird bei Stromführung im Zweig u und v der Strom in der Höhe $-2/3 \cdot \sqrt{3/2}$ übertragen, da diese Spannungen um 30° bzw. 150° nacheilend sind ($\cos \alpha = \pm \sqrt{3/2}$). Dies zeigt uns Abb. 66 unten.

Der Überblick über die Netzströme in Abb. 61 bis 66 zeigt uns, daß diese um so sinusförmiger sind, je höher die Phasenzahl der Sekundärseite ist. Die Grundschwingung ist in Phase mit der Netzphasenspannung, wie es dem ungeregelten Gleichrichter mit Vernachlässigung der Umschaltvorgänge entspricht. Beim geregelten Gleichrichter verschiebt sich der Netzstrom entsprechend der Zündverzögerung (oder Zündverfrühung) wobei er seine Hauptform behält. Da bei großer Zündverzögerung der Umschaltvorgang kurzzeitiger wird, nähert sich die Form des Stromes mehr dem gezeichneten treppenförmigen Verlauf.

Aus dem so bestimmten Verlauf des Stromes läßt sich der Effektivwert im Verhältnis zum Gleichstrom berechnen. Die entsprechenden Werte sind in Zahlentafel I enthalten. Bei primärer Sternschaltung des Transformators stimmt Netzstrom und Primärstrom des Transformators überein. Bei primärer Dreieckschaltung muß der primäre Transformatorstrom gesondert bestimmt werden. Die Effektivwerte sind in der Zahlentafel enthalten.

Der primäre Stromverlauf des Zweiphasengleichrichters ist rechteckig mit einem Effektivwert bezogen auf den Gleichstrom: $\dfrac{i_m}{\sqrt{2}} \cdot \dfrac{\sqrt{2}}{2} = \dfrac{i_m}{2}$ für das Übersetzungverhältnis 1 : 1 der Netzspannung zur verketteten sekundären Spannung u_{1-2}, nach Abb. 47 aber mit großer Glättungsdrossel.

Die primären Ströme der zweiphasigen und dreiphasigen Vollwegschaltungen sind übereinstimmend mit den Sekundärströmen Abb. 60 e und f, die bereits reine Wechselströme darstellen.

Die Fourier-Analyse der Netzströme zeigt, daß außer der Grundwelle mit Netzfrequenz f_{50} nur Oberwellen enthalten sind mit den Frequenzen:

$$f = (np \pm 1) \cdot f_{50}, \quad n = 1, 2, 3 \cdots .$$

Hiernach hat ein sechsphasiger Gleichrichter beispielsweise Oberwellen im Netzstrom 5-, 7-, 11- und 13fache Grundfrequenz.

Außerdem gilt für den Effektivwert dieser Oberwellen bezogen auf den der Grundwelle die einfache Beziehung:

$$\frac{i_{e(np \pm 1)}}{i_{e(1)}} = \frac{1}{np \pm 1} .$$

Der Effektivwert nimmt also mit der Ordnungszahl ab.

Die Kenntnis der Oberwellen ist bei Großanlagen bedeutungsvoll, wegen der durch die Spannungsabfälle im Netz verursachten Verzerrung der Netz-

spannung. Man teilt daher Großanlagen so in phasenverschobene Einzel-
anlagen auf, daß möglichst die Oberwellen kompensiert werden. Die Spannungsabfälle einzelner Oberwellen im Netzstrom sind insbesondere dann
bedeutungsvoll, wenn deren Frequenz mit der Resonanzfrequenz des Netzes
übereinstimmt, oder in der Nähe dieser Frequenz liegt.

Dieser Verlauf des Gleichrichterstromes steht im Gegensatz zum Netzstrom
des Einankerumformers. Dieser ist sinusförmig unabhängig davon, daß der
an den Bürsten entnommene Gleichstrom nicht sinusförmige Ankerströme
zur Folge hat. Es handelt sich eben beim Einankerumformer tatsächlich
um zwei getrennte Einheiten: Synchronmotor und Gleichstromgenerator,
die mechanisch miteinander gekuppelt sind. Dabei besteht aber nicht die
Bedingung, daß die dem Synchronmotor zugeführte elektrische Leistung in
jedem Augenblick gleich der an den Gleichstromzweig abgegebenen Leistung
sein muß, nur im Mittel müssen diese Leistungen gleich sein. Einen Ausgleich
zwischen zeitlichen Verschiedenheiten schafft die Schwungmasse der Maschine.
Dagegen beim Gleichrichter, wo dieser Ausgleich nicht besteht, liegt eine starre
Leistungsbeziehung vor und daher auch eine starre Beziehung zwischen den
Strömen auf der Wechselstromseite und Gleichstromseite. Dabei rechnen wir
die Kathodendrossel zum Gleichstromzweig.

Die Kathodendrossel stellt ihrerseits auch einen Energiespeicher dar, so daß
der Leistungsfluß vor und hinter der Drossel ein anderer ist. Nehmen wir
einen reinen Gleichstrom an, so schwankt beispielsweise die dem Gleichstromzweig vor der Drossel zugeführte Leistung entsprechend der Schwankung
der Gleichrichterspannung und hinter der Drossel ist die Leistungsabgabe
an den Verbraucher konstant.

Die so sekundär und primär bestimmten Ströme sind auf den Gleich*strom*
bezogen. Da andererseits die Spannungen des Transformators, wie oben
gezeigt, auf die Gleichspannung zu beziehen sind, so läßt sich in einfacher
Weise die notwendige Typenleistung der Transformatoren, bezogen auf die
Gleichstromleistung, bestimmen. Die entsprechenden Werte sind in Tafel I
und II enthalten.

Als Beispiel diene die Entstehung des Wertes 1,34 für die Zweiphasen-Halb-
wellengleichrichtung in Zahlentafel II:

$$\frac{\text{mittlere Trafoscheinleistung}}{\text{ideelle Gleichstromleistung}} = \frac{\frac{1}{2}\left(\frac{1}{\sqrt{2}}\, i_m \cdot 2\, u_{mi} \cdot \frac{\pi}{2\sqrt{2}} + \frac{1}{2}\, i_m \cdot 2\, u_{mi} \frac{\pi}{2\sqrt{2}}\right)}{u_{mi} \cdot i_m}$$

$$= \frac{\frac{\pi}{4} + \frac{\pi}{4 \cdot \sqrt{2}}}{1} = 1,34.$$

Dabei ist zu beachten, daß die sekundäre und primäre verkettete Spannung
gleich $2 \cdot u_{mi} \cdot \frac{\pi}{2\sqrt{2}}$ sind.

Zahlentafel II. Kennwerte einphasiger, zweiphasiger Halbwellengleichrichter sowie einphasiger und dreiphasiger Vollwellengleichrichter

Bezeichnung	Schaltbild und sekundäres Strombild	Ströme[1]			Gleich-spannung[2]	Mittlere Scheinleistung des Transformators[3]
		sekundär	primär	netzseitig		
Einphasen-Halbwellengleichrichter mit Nullanode	46 und 60 b	$\dfrac{1}{\sqrt{2}}$	$\dfrac{1}{2}$	$\dfrac{1}{2}$	$\dfrac{\sqrt{2}}{\pi}$	2,68
Zweiphasen-Halbwellengleichrichter	47 und 60 b	$\dfrac{1}{\sqrt{2}}$	$\dfrac{1}{2}$	$\dfrac{1}{2}$	$\dfrac{2\sqrt{2}}{\pi}$	1,34 (1,57—1,11)
Einphasen-Vollwellengleichrichter	50 und 60 e	1	1	1	$\dfrac{2\sqrt{2}}{\pi}$	1,11
Dreiphasen-Vollwellengleichrichter, primäre Sternschaltung	28 und 60 f	$\dfrac{\sqrt{2}}{\sqrt{3}}$	$\dfrac{\sqrt{2}}{\sqrt{3}}$	$\dfrac{\sqrt{2}}{\sqrt{3}}$	$2 \cdot 1{,}17$	1,05
Dreiphasen-Vollwellengleichrichter, primäre Dreieckschaltung	— und 60 f	$\dfrac{\sqrt{2}}{\sqrt{3}}$	$\dfrac{\sqrt{2}}{3}$	$\dfrac{\sqrt{2}}{\sqrt{3}}$	$2 \cdot 1{,}17$	1,05

[1] Bezogen auf den mittleren Gleichstrom für ein Übersetzungsverhältnis 1:1 der verketteten Spannungen.

[2] Bezogen auf die sekundäre effektive Phasenspannung.

[3] Bezogen auf die ideelle Gleichstromleistung.

6. Der Spannungsabfall des Ventilgleichrichters

Wir haben bei Behandlung der Wirkungsweise der Gleichrichter die Ventile und Transformatoren verlustlos angenommen, d. h. die Ventile ohne Spannungsabfall in der Stromführungszeit und die Transformatoren ohne Streuinduktivitäten und ohmsche Widerstände. Ventilspannungsabfall und ohmscher Spannungsabfall bewirken Verluste, die sich durch Absenkung der gebildeten Gleichspannung bei Vollast bemerkbar machen. Die Streuinduktivitäten bewirken auch eine Absenkung der gleichgerichteten Spannung, jedoch keine Verluste, sondern eine Nacheilung des Netzstromes. Um diese Spannungsabfälle auszugleichen, muß die zu einer gewünschten mittleren gleichgerichteten Spannung zugehörige Transformatorspannung entsprechend höher gewählt werden.

a) Der Spannungsabfall im Transformator

Wir beginnen mit dem Spannungsverlust im Transformator. Den ohmschen Spannungsabfall kann man praktisch genügend genau erfassen, indem man die Kupferverluste im Transformator durch den Strom teilt und die dadurch bestimmte Spannung von der mittleren gleichgerichteten Spannung abzieht. Da die Kupferverluste proportional mit dem Quadrat des Stromes ansteigen, so nimmt diese Spannung proportional mit dem Strom zu wie es sein muß.

Der induktive Widerstand, verursacht durch die Streuung des Transformators, wirkt sich vor allem auf den Ablösungsvorgang der Anoden aus und verursacht durch dessen Verlängerung einen Spannungsabfall. Um dies zu betrachten, können wir einen Gleichrichter mit großer Glättungsdrossel annehmen, dessen Ventile im Zeitbereich, in dem jedes Ventil allein Strom führt, abwechselnd den durch die Drossel konstant gehaltenen Strom führen. Dabei kann an den Streuinduktivitäten kein Spannungsabfall auftreten. Dagegen im kurzen Zeitbereich, in dem der Strom in dem einen Ventil gelöscht und vom folgenden übernommen wird, wirkt sich der Einfluß der Streuinduktivitäten aus. Wir hatten gesehen, daß in diesem Zeitabschnitt ein kurzzeitiger Kurzschluß des Transformators vorliegt und daß der Kurzschlußstrom es ist, der den Stromübergang bewirkt. Dieser Kurzschlußstrom wird nun vor allem in seiner Größe durch die Streuinduktivitäten bestimmt, die zugleich bedingen, daß er nicht plötzlich, sondern nur allmählich ansteigen kann. Dabei ist leicht einzusehen, daß der Ablösungsvorgang um so länger andauert, je größer die Streuinduktivitäten sind und desto flacher der Kurzschlußstrom infolgedessen ansteigt. Denn der Ablösungsvorgang ist beendet, wenn der Kurzschlußstrom die Höhe des Ventilstromes erreicht hat, wie wir an Hand von Abb. 22 gesehen haben. Natürlich dauert der Ablösungsvorgang auch um so länger, je größer der Strom ist, den die Ventile führen.

Der Ablösungsvorgang bewirkt nun eine Absenkung der gleichgerichteten Spannung, wie an Hand von Abb. 67 und 68 am Beispiel des Dreiphasengleichrichters gezeigt werden soll. Wir denken uns die Streuinduktivitäten des Transformators auf der Sekundärseite zusammengefaßt, in Abb. 67 als Drosseln D_1, D_2 und D_3 angedeutet und nehmen wieder ideale spannungsverlustfreie Ventile an. Während nun die gleichgerichtete Spannung gleich der Transformatorphasenspannung ist, in dem Zeitbereich, in dem nur ein Ventil stromführend ist, verläuft sie auf der Mitte zwischen den Phasen-

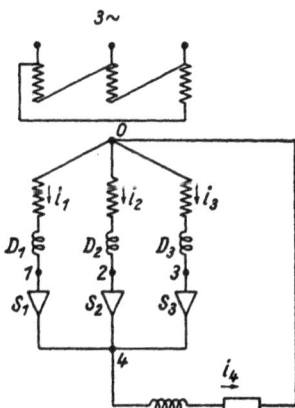

Abb. 67. Schaltbild des dreiphasigen Gleichrichters mit anodenseitig zusammengefaßt gedachten Streuinduktivitäten.

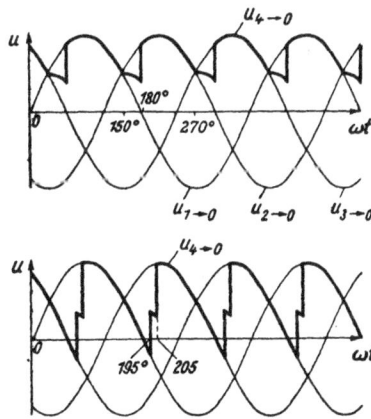

Abb. 68. Verlauf der gleichgerichteten Spannung beim ungeregelten (oben) und beim geregelten (unten) dreiphasigen Gleichrichter unter Berücksichtigung des Ablösungsvorganges der Anoden.

spannungen, wenn während des Ablösungsvorganges zwei Ventile gleichzeitig stromführend sind. Ist beispielsweise S_1 und S_2 in Abb. 67 gleichzeitig stromführend, so ist Punkt 4 mit 1 und 2 verbunden. Der Transformator ist einseitig kurz geschlossen. Bei solch einem einseitigen Kurzschluß bricht aber die Spannung nicht zusammen auf Null, sondern sie hält sich auf der Mitte zwischen den ursprünglichen Phasenspannungen. Die, die Streuinduktivitäten ersetzenden Drosseln liegen im Kurzschlußkreis in Reihe und die Spannung teilt sich auf beide auf. Das bedeutet in Abb. 68, daß von Beginn des Ablösungsvorganges bei $\omega t = 150^0$ bis zum Ende, das hier bei $\omega t = 180^0$ angenommen ist, die gleichgerichtete Spannung nicht auf der Spannung u_{2-0} verläuft, sondern abgesenkt wird. Diese Absenkung wiederholt sich bei jedem Ablösungsvorgang in gleicher Weise wie gezeichnet. Es ist ersichtlich, daß dann die mittlere gleichgerichtete Spannung kleiner sein muß.

Da die augenblickliche Differenz zwischen den Phasenspannungen es ist, die den Kurzschlußstrom antreibt, so ergibt sich beim geregelten Gleichrichter eine kürzere Ablösungszeit, weil hier diese Differenz größer ist. Die Verhältnisse bei geregeltem Gleichrichter mit 45^0 Zündverzögerung zeigt Abb. 68 unten. Die genaue Durchrechnung zeigt aber, daß der Spannungsverlust der gleiche ist wie beim ungeregelten Gleichrichter, denn die kurze Ablösungszeit wird durch den größeren augenblicklichen Spannungsabfall aufgehoben. Ganz allgemein gilt für diesen sog. *induktiven* Spannungsabfall:

$$\Delta u = i_m\, \omega\, L\, \frac{p}{2\pi}$$

worin i_m der gleichgerichtete Strom ist, dessen Welligkeit vernachlässigt ist und ωL der auf der Sekundärseite umgerechnete Widerstand der Streuinduktivitäten je Phase. Es bedeutet ferner p die Phasenzahl der betrachteten Anordnung. Beim Doppeldreiphasengleichrichter ist $p = 3$ und $\frac{i_m}{2}$ einzusetzen, denn jede Anode führt ja nur den halben Gleichstrom.

Man bezeichnet diesen Spannungsabfall auch als „induktiven" Gleichspannungsabfall. Er ist demnach auch dem Strom proportional, so daß sich zusammen mit dem ohmschen Gleichspannungsabfall ein insgesamt geradlinig mit dem Strom ansteigender Spannungsabfall bzw. eine geradlinig abfallende Stromspannungskennlinie ergibt.

Durch Einschalten von zusätzlichen Drosselspulen, primären Drosseln oder Anodendrosseln, kann man jeden beliebigen Spannungsabfall erzielen. Das ist von Bedeutung für die Parallelarbeit von Gleichrichteranlagen untereinander oder mit umlaufenden Umformern, um eine richtige Lastverteilung zu erreichen. Die Streuinduktivitäten verursachen zwar auch einen Gleichspannungsabfall, aber trotzdem bedeutet dieser Abfall keinen Leistungsverlust, sondern er bewirkt eine Abnahme der primär aufgenommenen Leistung durch entsprechende Abnahme des $\cos \varphi$; der durch die Streuinduktivitäten verursachte flache Anstieg des Stromes bedeutet eine Nacheilung um einen Winkel φ, der etwa gleich der Hälfte des Winkels β ist, der der Ablösungszeit

entspricht. Dies veranschaulicht Abb. 69. Diese Verschiebung des Ventil-
stromes und damit des Sekundärstromes wirkt sich in gleicher Weise auf den
Primärstrom aus. In Abb. 69 ist die Verschiebung angedeutet durch die
Verschiebung der Mittellinie des Stromes.

Somit kommen für die Bestimmung der *Verluste* im Gleichrichter nur die
Summen der beiden ersten Spannungsabfälle in Frage: Spannungsabfall
im Gefäß $+$ ohmscher Spannungsabfall.

Beide ergeben mit dem mittleren Gleichrichterstrom malgenommen den jeweili-
gen Gesamtverlust.

Der induktive Gleichspannungsabfall
wird berechnet aus dem Transformator-
kurzschlußstrom, der die Umschaltung
der Ventile bzw. Anoden bewirkt. Wenn
der Kathodenstrom durch eine große
Glättungsdrossel konstant gehalten wird,

Abb. 69. Die Nacheilung des Netzstromes unter dem Einfluß des Ablösungsvorganges der Anoden. ($\beta = \ddot{u}$)

steigt der Kurzschlußstrom innerhalb der Umschaltzeit $\ddot{u}$ gerade auf die
Höhe des Gleichstroms i_m. Sind die strombegrenzenden Widerstände rein
induktiv, dann gilt für den Anstieg des Kurzschlußstromes die Gleichung:

$$2 L \frac{di}{dt} = u_{1-2}$$

und für das Ende der Umschaltzeit gilt die Bedingung:

$$\frac{1}{2 \omega L} \int\limits_{\alpha}^{\alpha + \ddot{u}} u_{1-2} \, d\omega t = i_m.$$

Hierin ist u_{1-2} die im Kurzschlußkreis wirksame verkettete Spannung, L die
auf die Sekundärseite umgerechneten und zusammengefaßten Streuinduktivitäten des Transformators je Phasenwicklung zuzüglich der wirksamen
Induktivitäten der Anodendrosseln.

Das Integral über die verkettete Spannung erscheint aber auch bei Berechnung des Spannungsabfalls, der durch den Ablösungsvergang verursacht wird:

$$\Delta u_m = \frac{1}{2} \left(\frac{1}{2 \pi / p} \int\limits_{\alpha}^{\alpha + \ddot{u}} u_{1-2} \, d\omega t \right).$$

Der Faktor $\frac{1}{2}$ zeigt an, daß nur die halbe verkettete Spannung als augenblick-
licher Spannungsabfall zu rechnen ist, denn infolge des Ablösungsvorganges
verläuft die gleichgerichtete Spannung nicht auf der folgenden Phasenspannung, sondern auf der Mitte zwischen den Phasenspannungen. Beide
Gleichungen lassen sich verbinden zu der für rein induktive Widerstände
geltenden Gleichung für den induktiven Spannungsabfall:

$$\Delta u_m = i_m \cdot \omega L \frac{p}{2 \pi}.$$

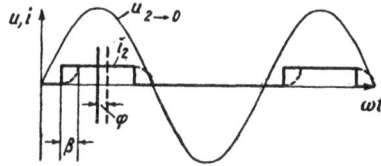

Der induktive Widerstand kann aus der Kurzschlußspannung des Transformators berechnet werden: Bei der Kurzschlußmessung eines Gleichrichtertransformators werden sekundär drei Wicklungsenden kurzgeschlossen, die ein Dreiphasensystem bilden, und die primärseitige verkettete Spannung in Prozenten der Nennspannung bestimmt, bei der Nenn-Netzstrom erreicht wird, $u_{K^0/_0}$.

Für das Übersetzungsverhältnis 1 : 1 ist der bei der Kurzschlußmessung sekundärseitig fließende Strom gleich dem Netzstrom; wir bezeichnen diesen umgerechneten Netzstrom mit $i_{0e}*$. Er ergibt sich aus den Werten in der Zahlentafel am Schluß. Dann gilt für die sekundär zusammengefaßt gedachten Induktivitäten:

$$i_{0e}* \cdot \omega L = u_{1-0e} \cdot \frac{u_{K^0/_0}}{100}$$

und somit für den Spannungsabfall:

$$\Delta u_m = \frac{i_m}{i_{0e}*} \cdot u_{1-0e} \cdot \frac{u_{K^0/_0}}{100} \cdot \frac{p}{2\pi}.$$

Für i_m ist der jeweilige tatsächliche umzuschaltende Gleichstrom einzusetzen, also bei den Doppeldreiphasen- und Vierfachdreiphasenschaltungen ein Halbes bzw. ein Viertel des Gesamtgleichstromes.

Diese Überlegungen treffen für alle Schaltungen zu, bei denen die Umschaltung durch Kurzschluß der dreiphasigen verketteten Spannung erfolgt, d. h. für alle Schaltungen der Tabelle ausschließlich der sechsphasigen sekundären Sternschaltung, weil hier die Umschaltung durch Kurzschluß zweier um 60° elektr. verschobener Phasenspannungen erfolgt.

Die Annahme rein induktiver Transformatorenwiderstände ist nur für Großgleichrichter zulässig; daher ist für Gleichrichter mittlerer und kleiner Leistung die Rechnung unter Berücksichtigung des ohmschen Widerstandes zu korrigieren.

Die Kenntnis der Umschaltzeit $ü$ selbst ist von Bedeutung für die Bestimmung des netzseitigen Verschiebungsfaktors. Der Netzstrom wird einmal verzögert entsprechen der Zündverzögerung α, zum anderen durch die Umschaltzeit $ü$. Diese wirkt sich aber nur mit etwa $\frac{ü}{2}$ aus, weil der Umschaltvorgang zugleich eine Änderung des Stromverlaufes bedingt, indem der steile Anstieg bei der Umschaltung allmählich erfolgt. Daher ergibt sich für den Verschiebungsfaktor der Grundwelle im Netzstrom:

$$\cos \varphi \approx \cos \left(\alpha + \frac{ü}{2} \right).$$

Die Umschaltzeit kann für *rein induktive* Widerstände der obigen Gleichung für den Kurzschlußstrom am Ende der Umschaltzeit entnommen werden. Die Auswertung des Integrals ergibt:

$$\frac{1}{2 \omega L} \sqrt{2} \, u_{1-2e} \left[- \cos (\alpha + ü) + \cos \alpha \right] = i_m$$

oder

$$ü = -\alpha + \arccos \left[\cos \alpha - \frac{i_m \cdot 2 \omega L}{\sqrt{2} \, u_{1-2e}} \right].$$

Hierin kann der Verhältniswert rechts wieder auf $u_{K\%}$ zurückgeführt werden:

$$\frac{i_m \cdot 2\,\omega L}{\sqrt{2}\,u_{1-2e}} = \frac{u_{K\%}}{100} \cdot \frac{i_m}{i_{0e}{}^*} \cdot \frac{2}{\sqrt{3}\,\sqrt{2}},$$

für alle Schaltungen der Zahlentafel außer der Sechsphasenschaltung, die nicht mit der dreiphasigen verketteten Spannung umschaltet. Die Formel zeigt uns, daß $\ddot{u}$ abhängig ist einerseits von dem Verhältnis des Gleichstromes i_m zum Spitzenwert des Kurzschlußstromes bei Kurzschluß der verketteten Transformatorspannung, $\sqrt{2}\,u_{1-2e}/2\,\omega L$ andererseits von der Zündverzögerung α bzw. $\cos\alpha$.

Für den ungesteuerten Gleichrichter mit $\cos\alpha = 1$ ergeben sich beispielsweise folgende Werte, wobei der Gleichstrom nicht im Verhältnis zum Spitzenwert, sondern zum Effektivwert des Kurzschlußstromes angegeben ist:

$\dfrac{i_m}{u_{1-2e}/2\,\omega L}$	0,02	0,06	0,1	0,2
$\ddot{u}$ für $\cos\varphi_K = 0$	10^0	19^0	22^0	32^0
$\ddot{u}$ für $\cos\varphi_K = 0{,}71$	8^0	14^0	18^0	25^0

Zum Vergleich sind unten die Werte für $\ddot{u}$ eingetragen für einen Verschiebungswinkel $\varphi_K = 45^0$ bei Kurzschlußmessung, d. h. gleiche induktive und ohmsche Widerstände, wie er sich unter Berücksichtigung des ohmschen Widerstands nach der genauen Formel errechnet. Wir sehen, daß die Umschaltzeit etwas geringer ist und entsprechend ist auch der induktive Spannungsabfall etwas geringer gegenüber dem oben berechneten Wert für rein induktive Transformatorwiderstände. Praktisch liegt beim Großgleichrichter die Umschaltzeit bei etwa 20^0.

Die Abnahme der Umschaltzeit mit abnehmendem $\cos\alpha$ veranschaulicht die folgende Zahlentafel für $\dfrac{i_m}{u_{1-2e}/2\,\omega L} = 0{,}1$ und $\cos\varphi_K = 0$:

$\cos\alpha$	1	0,95	0,9	0,8	0,6	0,4	0,2
$\ddot{u}$	22^0	10^0	8^0	6^0	4^0	3^0	$2{,}5^0$

Trotz Abnahme der Umschaltzeit bleibt hier der Spannungsabfall konstant, denn die Umschaltzeit fällt mit abnehmendem $\cos\alpha$ in Bereiche höherer Spannungsdifferenz der aufeinanderfolgenden Phasenspannungen.

Die Umschaltzeit bzw. der Umschaltvorgang bewirkt außerdem eine geringfügige Abnahme der effektiven Ströme, eine Abnahme des Oberwellengehaltes der Netzströme und eine Änderung des Oberwellengehaltes der gleichgerichteten Spannung. Auch die Saugdrosselspannung geht mit der Umschaltzeit zurück.

Außerdem dem durch α und $\ddot{u}$ bestimmten Verschiebungsfaktor $\cos\varphi$ unterscheidet man noch den Verzerrungsfaktor $\cos v$ und den Leistungsfaktor $\cos\lambda$. Der Verzerrungsfaktor gibt bei *sinusförmiger* Netzspannung und nichtsinusförmigem Netzstrom das Verhältnis der Scheinleistung der Grundwelle des Stromes zur Scheinleistung des Gesamtstromes an bzw. das Verhältnis der Grundwelle des Stromes zum Gesamtstrom. Der Verzerrungsfaktor hat für einen Sechsphasengleichrichter beispielsweise den Wert $\cos v = 0,955$, für einen Zwölfphasengleichrichter $\cos v = 0,989$. Das Produkt von Verschiebungsfaktor und Verzerrungsfaktor bilden den totalen Leistungsfaktor:

$$\cos \lambda = \cos \varphi \cdot \cos v.$$

Das ist bei sinusförmiger Netzspannung das Verhältnis der Wirkleistung der Grundwelle zur gesamten Scheinleistung.

Die Definitionen lassen sich auch auf nichtsinusförmige Netzspannung ausdehnen.

b) Der Spannungsabfall durch die Ventile

Die beiden Grundarten der Ventile unterscheiden sich auch hinsichtlich des Spannungsabfalles: Die Gasentladungsventile, d. h. Quecksilberkathodenventile, Glühkathodenventile und deren Abarten haben einen verhältnismäßig konstanten Spannungsabfall, wenig abhängig von der Stromstärke jedenfalls im zulässigen Arbeitsbereich. Die Trockenventile dagegen haben einen Spannungsabfall, der nahezu der Stromstärke proportional ist.

Wir betrachten zuerst den Spannungsabfall der Gasentladungsventile näher und gehen dabei aus von Einzelventilen. Wir haben gesehen, daß jedes Ventil nur einen Bruchteil der Periode der Stromführung dient, d. h. für $1/2$, $1/3$, $1/6$ der Periode je nach der Schaltung. Abb. 70 zeigt als Beispiel Strom (oben) und Spannungsabfall (unten) eines Dreiphasengleichrichters. Dabei ist der Stromverlauf rechteckig angenommen, entsprechend einem Gleichrichter mit großer Glättungsdrossel und unter Vernachlässigung des Ablösungsvorganges. Der Spannungsabfall am Ventil ist nur in der Stromführungszeit gezeichnet. Der Sperrspannungsverlauf im Negativen, der hier nicht interessiert, ist fortgelassen. Bei Gasentladungsventilen ist während der Stromführungszeit der Spannungsabfall praktisch konstant, solange das Ventil nicht überlastet wird. In Abb. 70 unten ist

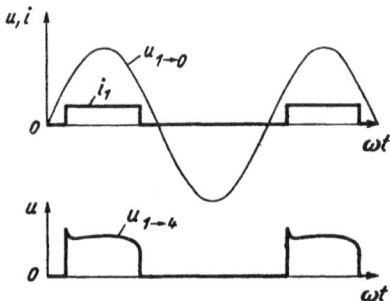

Abb. 70. Stromverlauf und Spannungsabfall innerhalb der Stromführungszeit an einem Ventil.

zu Beginn die sog. Zündspitze angedeutet, gegen Ende der Stromführungszeit zeigt sich ein geringer Abfall, weil hier der Strom bereits vom nächsten Ventil übernommen wird.

Die Höhe des Spannungsabfalles hängt ab von der Höhe des Stromes einerseits und der Einschaltdauer innerhalb der Periode andererseits. Bei einer bestimmten Stromhöhe bestimmt die Einschaltdauer die Höhe der Verluste im Ventil und damit den Erwärmungszustand. Und für die Verluste ist es nun ein großer Unterschied, ob der Strom dauernd über das Ventil geführt wird oder nur als periodischer Stromimpuls zwar gleicher Höhe aber nur geringer Einschaltzeit. In letzterem Falle sind die Verluste und damit die Erwärmung wesentlich geringer. Und das trifft zu für die Beanspruchung der Ventile in den beschriebenen Gleichrichteranordnungen. Denn wir haben gesehen, daß sich die Ventile in der Stromführung ablösen, so daß das einzelne Ventil für je $1/2$, $1/3$ oder $1/6$ der Zeit Strom führt, je nachdem ob es sich um einen Zweiphasen-, Dreiphasen- oder Sechsphasengleichrichter handelt. Dies spielt bei Glühkathodenventilen mit Edelgasfüllung keine wesentliche Rolle, weil hier die Dampfdichte der einmal angefüllten Gasmenge entspricht. Bei Quecksilberdampffüllung und bei Ventilen mit Quecksilberkathode bestimmt die Temperatur der Gefäßwand die Quecksilberdampfdichte, die in weiten Grenzen schwanken kann und von dieser hängt wieder der Spannungsabfall ab. Bei gleicher Stromführungsdauer andererseits hängt der Spannungsabfall von der Stromhöhe ab, da diese einerseits ebenfalls den Erwärmungszustand bestimmt und andererseits von der Stromhöhe auch der elektrische Zustand des Gases abhängt, der seinerseits den Spannungsabfall bestimmt.

Diese Überlegungen führen dazu, daß *der Spannungsabfall abhängig vom Strom für eine bestimmte Schaltung und damit bestimmter Einschaltdauer gemessen werden muß*. Insbesondere sei noch auf den Unterschied der Sechsphasenschaltung mit 60^0 Brenndauer zur Doppeldreiphasenschaltung mit Saugdrossel und 120^0 Brenndauer bei halbem Strom je Ventil hingewiesen. Bei gleichem Gesamtstrom und gleichem Spannungsabfall würden die Verluste je Ventil die gleichen sein. Doch der höhere Zeitwert des Stromes je Ventil bedingt bei der 60^0-Brenndauer meist einen höheren Spannungsabfall infolge des elektrischen Zustandes im Gas. Die in einer bestimmten Schaltung gemessene Kennlinie bezeichnet man als dynamische Kennlinie des Brennspannungsabfalles im Gegensatz zur statischen Kennlinie, die mit durchlaufendem Gleichstrom aufgenommen wird. Um etwa gleiche Verluste zu haben, muß der Mittelwert des Dauergleichstromes bei Messung der statischen Kennlinie jeweils der gleiche sein wie im Gleichrichterbetrieb. Das erfordert aber entsprechend der Kürze der Stromführungsdauer im Gleichrichterbetrieb $1/2$, $1/3$ oder $1/6$ des Augenblickswertes des Stromes. Dabei hat der Spannungsabfall andere Werte.

Bei *mehranodigen Gefäßen* ist es eigentlich sinnlos, die statische Kennlinie eines Anodenzweiges zu messen. Nur bei gleichzeitigem Betrieb aller Anoden entsteht die gleichmäßige Erwärmung des ganzen Gefäßes und bei künstlicher Kühlung die praktisch vorkommenden Abkühlungsverhältnisse. Man müßte den Gleichstrom auf alle Anoden verteilen. Es ist daher üblich, bei mehranodigen Gefäßen nur die dynamische Kennlinie zu messen.

Bei der Messung ist noch folgendes zu beachten: Am Anfang und Ende der Stromführungszeit liegt die Stromübergangszeit, die in Abb. 69 mit β angedeutet ist. Der Mittelwert des Spannungsabfalles ist aber nicht für die ganze Brennzeit zu bestimmen, sondern nur für den Bereich von der Zündung bis zur Zündung des folgenden Ventiles, denn es soll ein Wert gewonnen werden, der unmittelbar den Gleichspannungsabfall angibt, den die Ventilbrenn-

spannung verursacht. Wir sehen aus Abb. 67 und 68, daß zur Festlegung
der mittleren gleichgerichteten Spannung u_{4-0} es genügt, den Mittelwert
der Spannung in Abb. 68 oben zwischen $\omega t = 150$ und $\omega t = 270$ zu bestimmen und im gleichen Zeitraum, d. h. zwischen zwei Zündungen den Mittelwert
der Spannung am zweiten Ventil zu messen. Daher sind die Meßmethoden
so zu wählen, daß sich die Messung auf den Bereich zwischen zwei Zündungen
beschränkt und damit der Ablösungsvorgang am Ende der Stromführungszeit ausscheidet.

Abb. 71 zeigt schematisch den nach diesen
Gesichtspunkten gemessenen Spannungsabfall eines mehranodigen pumpenlosen Eisen-
gleichrichters mit Quecksilberkathode in der
Doppeldreiphasenschaltung mit Saugdrossel
abhängig vom Strom.

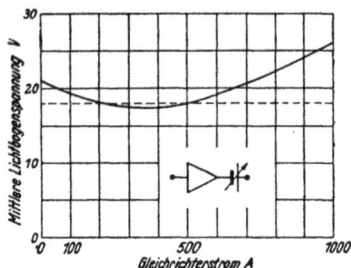

Abb. 71. Abhängigkeit der mittleren
Lichtbogenspannung vom Belastungsstrom bei einem 500 A-Ventilgleich-
richter.

Wenn wir uns nach diesen Überlegungen ein
Ersatzschaltbild für ein Gasentladungsventil
machen wollen, so können wir sagen, es besteht aus einem idealen verlustlosen Ventil
in Reihe mit einer Spannungsquelle nach Art
eines Akkumulators. Damit deuten wir an,
daß der Verlauf der Spannung innerhalb der Stromführungsdauer konstant
angesehen wird. Dagegen muß die Abhängigkeit der Spannungshöhe vom
Dauerstrom in einer bestimmten Schaltung experimentell gemessen werden und
wird dadurch ausgedrückt, daß die Ersatzspannungsquelle veränderlich zu
denken ist. In Abb. 71 ist das Ersatzschaltbild eingezeichnet.

Ganz anderes Verhalten zeigt der Spannungsabfall des Trockengleichrichters. Seine statische Kennlinie gibt Abb. 69 wieder. Er hat
mit steigendem Strom ansteigende Spannung, ähnlich einem ohmschen Widerstand.
Es ist in Abb. 72 der Spannungsabfall für
ein Plattenpaar angegeben abhängig vom
Strom je cm² Plattenfläche. Bei Reihenschaltung vieler Plattenpaare, wie es meist
der Fall ist, hat man die Spannung links mit
der Anzahl der Platten zu multiplizieren.
Die notwendige Plattenpaarzahl ergibt sich
aus der zulässigen Sperrspannung je Plattenpaar und der in der Schaltung vorbestimm-
ten Sperrspannung. Wir können den Verlauf
der Stromspannungskennlinie annähernd er-
fassen durch eine gestrichelt eingezeichnete
gerade Linie. Dann ergibt sich für das
spezifische Plattenpaar entsprechend der als
Beispiel gewählten Kennlinie eine Ersatz-

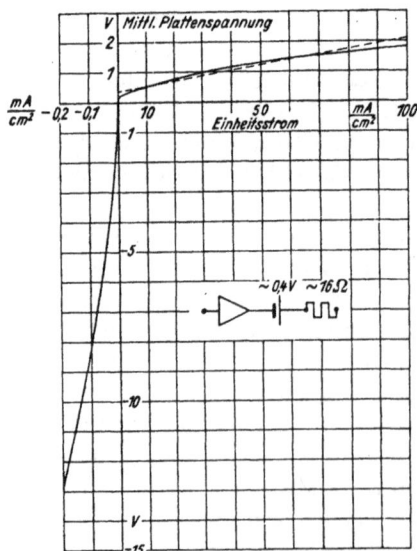

Abb. 72. Stromspannungskennlinie
eines Trockenventilelementes.

schaltung bestehend aus der Reihenschaltung eines idealen Ventiles mit einer konstanten Spannung von etwa 0,4 V und einem ohmschen Widerstand von etwa 16 Ohm. Die Kennlinie in Abb. 72 zeigt auch einen negativen Strom bei negativer Spannung. Das ist der sog. Rückstrom, da der Maßstab für den Strom im Verhältnis 1 : 1000 im negativen Gebiet vergrößert wurde, so erkennt man, daß der Rückstrom vernachlässigbar ist.

Auch beim Trockengleichrichter zeigt sich ein Unterschied zwischen statischer und dynamischer Kennlinie, da der innere Widerstand auch temperaturabhängig ist, so daß man auch hier auf die experimentelle für eine bestimmte Schaltung aufgenommene Kennlinie angewiesen ist.

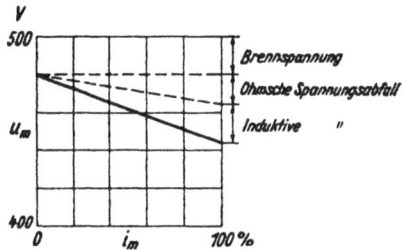

Abb. 73. Aufteilung der Spannungsabfälle bei einem Ventilgleichrichter.

Für den gesamten Spannungsabfall sind alle drei Anteile zu summieren. Bei Verwendung eines Gasentladungsventiles mit konstanter Brennspannung ergibt sich schematisch das Stromspannungsdiagramm in Abb. 73. Für die abgegebene mittlere gleichgerichtete Spannung u_m gilt danach die Beziehung:

$$u_m = u_{mi} - \left(\frac{\Sigma V_{Cu}}{i_m} + i_m \cdot \omega L \cdot \frac{p}{2\pi} + u_b \right).$$

Darin ist u_{mi} die gleichgerichtete Spannung des verlustlosen Gleichrichters, u_b die mittlere Brennspannung der Ventile und ΣV_{Cu} umfaßt die Verluste im Trafo und gegebenenfalls vorhandener der Saugdrossel. Ebenso umfaßt ωL die Streuinduktivitäten des Trafo und gegebenenfalls Zusatzdrosseln. Den Anteil der Streuinduktivitäten an ωL kann man aus der Kurzschlußspannung des Transformators berechnen.

Für die Verluste kam, wie wir gesehen haben, nur der 1. und 3. Anteil in Anrechnung, die mit dem Strom i_m malzunehmen sind.

Umgekehrt läßt sich zu einer gewünschten nutzbaren Spannung die Spannung u_{mi} berechnen, die ihrerseits die Transformatorphasenspannung im Leerlauf bestimmt mit den Verhältniswerten für u_{mi}/u_{2e} in Tabelle I.

Hierzu ist es zweckmäßig, den induktiven Spannungsabfall mit dem ohmschen Spannungsabfall zusammenzufassen und diese auf die ideelle Gleichrichterspannung u_{mi} zu beziehen. Bezeichnen wir mit Δu_{mR} den ohmschen Gleichspannungsabfall, mit Δu_{mL} den induktiven Abfall und Δu_{mB} den Brennspannungsabfall, so gilt für die Gleichspannung bei Normallast:

$$u_m = u_{mi} - \Delta u_{mB} - \Delta u_{mR} - \Delta u_{mL}$$

oder

$$u_{mi} = \frac{u_m + \Delta u_{mB}}{1 - \dfrac{\Delta u_{mR}}{u_{mi}} - \dfrac{\Delta u_{mL}}{u_{mi}}}.$$

Da die Brennspannung absolut gegeben ist, so wird sie direkt zugezählt, dagegen können wir den Nenner durch bekannte Verhältniswerte ausdrücken. Für den ohmschen Spannungsabfall gilt:

$$\frac{\varDelta u_{mR}}{u_{mi}} = \frac{\varSigma V_{Cu}}{i_m \cdot u_{mi}} = \left(\frac{\varSigma V_{Cu}}{N_{\text{Trafo}}}\right)_{\text{o}/\text{o}} \cdot \frac{N_{\text{Trafo}}}{i_m \cdot u_{mi}} \cdot \frac{1}{100}.$$

Hierin ist der erste Faktor als die prozentualen Kupferverluste des Transformators gegeben und der zweite Faktor ist aus der Zahlentafel am Schluß zu entnehmen. Ebenso läßt sich der bezogene induktive Spannungsabfall umformen:

$$\frac{\varDelta u_{mL}}{u_{mi}} = \frac{i_m}{i_{0e}{}^*} \cdot \frac{u_{1-0e}}{u_{mi}} \cdot \frac{u_{K^{\text{o}/\text{o}}}}{100} \cdot \frac{p}{2\pi}.$$

Hierin sind der erste Faktor, das Verhältnis vom Gleichstrom zum primären Netzphasenstrom für das Windungsverhältnis 1 : 1 und der zweite Faktor die auf die ideelle Gleichrichterspannung bezogene sekundäre Phasenspannung, der Zahlentafel zu entnehmen.
Somit folgt für die ideelle mittlere gleichgerichtete Spannung:

$$u_{mi} = \frac{u_m + \varDelta u_{mB}}{1 - \dfrac{(\varSigma V_{Cu})^{\text{o}/\text{o}}}{100} \cdot \dfrac{N_{\text{Trafo}}}{i_m \cdot u_{mi}} - \dfrac{i_m}{i_{0e}{}^*} \cdot \dfrac{u_{1-0e}}{u_{mi}} \cdot \dfrac{u_{K^{\text{o}/\text{o}}}}{100} \cdot \dfrac{p}{2\pi}}.$$

Diese Beziehung ist zur Vorausberechnung der maßgebenden ideellen Gleichrichterspannung geeignet.
Mit u_{mi} ist dann die sekundäre Phasenspannung und die Typenleistung des Transformators gegeben.
Hieran schließt sich die Vorausberechnung des Wirkungsgrades des Gleichrichters:

$$\eta = \frac{u_m\, i_m}{u_m\, i_m + i_m \cdot \varDelta u_B + \varSigma V_{Cu} + \varSigma V_{Fe}}.$$

7. Die Hilfskreise der Ventilgleichrichter

a) Zündung und Erregung

Der Trockengleichrichter ist allen anderen Ventilarten dadurch überlegen, daß er keinerlei Hilfskreise benötigt. Lediglich wird bei hoher Beanspruchung ein Ventilator zur künstlichen Kühlung verwandt. Trotzdem ist der Trockengleichrichter auf kleine Ströme und vor allem kleine Spannungen beschränkt, da bei hohen Spannungen die anderen Ventilarten überlegen sind, wie im folgenden Abschnitt gezeigt wird.
Alle anderen Ventilarten brauchen einen Hilfsstromkreis, um die Stromleitfähigkeit zu ermöglichen.
Die Glühkathodengefäße haben, wie schon ihr Name sagt, eine glühende Kathode, deren Temperatur durch eine Heizwicklung aufrechterhalten wird. Diese Heizleistung wird einem Hilfstransformator oder einer Hilfswicklung

des Haupttransformators entnommen. Das grundsätzliche Schaltbild eines zweiphasigen Glühkathodengleichrichters zeigt Abb. 74. Hier ist die Heizung einer Wicklung des Haupttransformators entnommen. Über die notwendige Heizleistung bei verschiedenen Kathodengrößen gibt folgende Aufstellung für einanodige Gefäße einen Überblick.

Stromscheitel-wert	Heizspg. ca. V	Heizstrom ca. A	Heizleistg. ca. W
3	5	4	20
6	5	7	35
40	5	20	100

Um zu beurteilen, welchen Einfluß die gesamte Heizleistung auf die Wirtschaftlichkeit der Gleichrichteranlage hat, kommt es auf ihren Anteil an der Leistung im Gleichstromzweig an. Die gesamte Heizleistung ist bestimmt durch die Anzahl der Ventile in der Schaltung. Die Gleichstromleistung ist gegeben durch den zulässigen Ventilstrom und die gleichgerichtete Spannung, deren Grenze durch die zulässige Sperrspannung gegeben ist. (Bei den Einwegschaltungen ist höchstmögliche gleichgerichtete Spannung etwa $\frac{1}{2}$ der Sperrspannung, bei den Vollwegschaltungen gleich der Sperrspannung.) Die gleiche Glühkathode und damit gleiche Heizleistung und gleicher Strom kann in Ventilen ganz verschieden hoher Sperrspannung benutzt werden, die sich nur durch Anodenkonstruktion und Gittereinbauten unterscheiden. Für einen Gleichrichter von 220 V 40 A beispielsweise mit 3 Röhren ergibt sich die Heizleistung zu etwa 3%, bei dem gleichen Gleichrichter mit 3 A wäre der Anteil etwa 10%. Diese Anteile fallen mit steigender Spannung. Bei mehranodigen Röhren sind sie etwas günstiger. Die mehranodigen Röhren mit Edelgasfüllung sind für Niederspannung bis 250 V, während die einanodigen Röhren mit Quecksilberdampffüllung für Spannungen 250 bis 15000 V bzw. 30000 V in Dreiphasenvollwegschaltung geeignet sind. Der Quecksilberdampf rührt von einem Quecksilbertropfen in der Nähe der Kathode her. Die Kühlung der Glühkathodengefäße ist im allgemeinen die natürliche Luftkühlung. Beim Einschalten der Gleichrichter muß erst abgewartet werden bis die Glühkathode die notwendige Temperatur erreicht hat. Je nach Größe der Glühkathode sind das $\frac{1}{2}$ bis 5 min. Bei größeren Geräten sind selbsttätige Verzögerungsschalter eingebaut, die das Einschalten der Belastung vor Ablauf der Wartezeit verhindern.

Die Gasentladungsgefäße mit flüssiger Kathode erfordern zur Betriebsbereitschaft einen sog. Erregerlichtbogen. Das ist eine Hilfsentladung, die auf der Kathode einen Brennfleck aufrecht erhält, der zur Elektronenemission und damit zum Stromdurchgang befähigt. Diese Hilfsentladung muß gezündet werden.

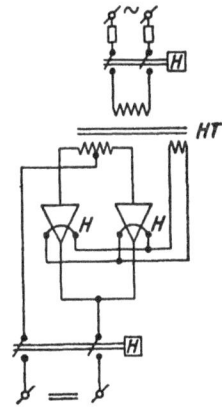

Abb. 74. Prinzipschaltung eines zweiphasigen Gleichrichters mit Glühkathodenventilen.

Die grundsätzliche Schaltung zeigt Abb. 75. Hier ist ein Gefäß gezeichnet mit sechs Hauptanoden HA oben, der Zündanoden ZA links und zwei Erregeranoden EA rechts. Der Zündvorgang geht selbsttätig vor sich beim Einschalten des Haupttransformators und damit Auftreten der Spannung an den Anoden. Es ist noch kein Stromdurchgang durch das ungezündete Gefäß möglich. Aber der Erregertransformator ET rechts erhält zugleich mit den Anoden Spannung, denn seine Primärwicklung E_1 ist an die Anodenzuleitung angeschlossen. Die eine Sekundärwicklung E_2 ist die Zündwicklung, sie liegt einerseits an der Kathodenleitung, andererseits führt sie über den Kontakt des Zündschalters Z zum Zündwiderstand R links und darüber zur Zündspule P und Zündanode ZA. Die Zündanode ist im Punkte D drehbar gelagert und wird von der Feder F so gehalten, daß ihre Spitze nicht in das Quecksilber eintaucht. Da sich aber der Zündkreis über die Zündspule zur Kathode hin schließt, so wird die Zündspule erregt und zieht die mit einem Eisenkern versehene Zündnadel ins Quecksilber. Zündnadel und Zündspule liegen elektrisch parallel, so daß beim Eintauchen der Zündnadel ins Quecksilber die Spule P kurzgeschlossen wird, dadurch wird des Eisen enterregt und die Zündnadel schnellt durch die Kraft der Feder F zurück. Dabei entsteht ein Öffnungsfunken, denn es wird der Strom unterbrochen, der beim Eintauchen der Nadel über den Zündwiderstand und die Zündnadel zur Kathode fließt. Jetzt wird der Kurzschluß der Zündspule wieder aufgehoben und der Vorgang würde sich nach Art eines Wagnerschen Hammers dauernd wiederholen, wenn nicht durch das Einsetzen des Erregerstromes der Stromkreis durch das Zündrelais unterbrochen würde.

Der Zündnadelstrom ist in dieser Schaltung ein Wechselstrom und der Öffnungsfunken kann nun sowohl in der positiven als negativen Halbwelle geschehen. Nur bei Unterbrechungen in der positiven Halbwelle ist die Zündnadel Anode und auf der Quecksilberoberfläche entsteht ein Kathodenfleck. In diesem Falle setzt der Strom über die Erregeranode ein. An diese ist ja die zweite Sekundärwicklung des Erregertransformators angeschlossen über die Anodendrossel A. Die Mitte der Wicklung liegt über der Kathodendrossel K und die Zündschalterwicklung Z an der Kathode. Die Erregeranoden arbeiten nach Art eines Zweiphasengleichrichters mit verhältnismäßig hohem Spannungsabfall, der durch die Anodendrossel bedingt ist. Dadurch wird ein ruhiges Brennen des Erregerlichtbogens ermöglicht, denn sonst würde der Strom zu sehr von kleinen Schwankungen des Brennspannungsabfalles der Erregeranode abhängen. Der Erregerzweiphasengleichrichter arbeitet ja so-

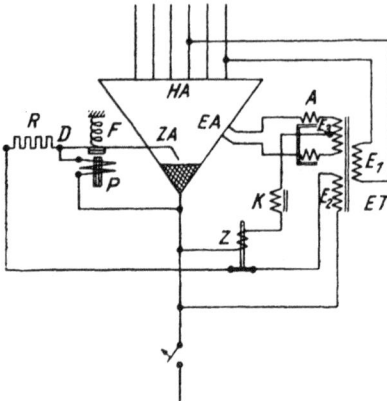

Abb. 75. Hilfskreise für Zündung und Erregung bei einem mehranodigem Ventil mit Quecksilberkathode.

zusagen nahezu im Kurzschluß und da wäre ohne Drossel der Brennspannungs-abfall von großem Einfluß auf den Strom. Der Zündschalter unterbricht den Zündkreis und der Zündvorgang ist beendet. Dieser Vorgang dauert wenige Sekunden und dann ist der Gleichrichter zur Stromführung bereit und der Lastschalter unten kann geschlossen werden.

Zündet man bei geschlossenem Lastschalter, so besteht die Gefahr, daß bei Zündung in der negativen Halbwelle, der Kathodenfleck auf der Zündnadel ansetzt und dann der Hauptstrom über die Zündnadel geht. Das kann zu Schäden an der Zündnadel oder im Zündkreis führen bzw. zur Auslösung von Sicherungen in diesem Kreis. Der Laststrom muß ja seinen Weg über den Zündkreis nehmen. Um das zu vermeiden, kann entweder der Zünd-schalter gegen den Lastschalter in der Weise verriegelt sein, daß der Last-schalter nur bei angezogenem Zündschalter eingelegt werden kann. Oder aber im Zündkreis liegt ein Trockengleichrichter, so daß die Zündnadel nur positive Spannung erhält und der Unterbrechungsfunken immer den Kathoden-fleck auf dem Quecksilber erzeugt.

Die erläuterte Konstruktion der Zündnadel ist nur ein Beispiel. Es gibt da verschiedene andere Möglichkeiten. So kann die Zündnadel mit einem Dreh-anker und einer Torsionsfeder verbunden sein. Dann ist sie in der Horizon-talen geknickt und das geknickte Ende taucht bei der Drehung ein. Oder die Feder zieht die Zündnadel ins Quecksilber und sie wird vom Magneten herausgezogen. Zündnadel und Magnetspule liegen dann in Reihe und zum Magneten gehört eine zweite Spule, die vom Erregerstrom durchflossen wird und die Nadel nach erfolgter Zündung dauernd aus dem Quecksilber hält. Die Zündnadel bzw. Zündanode kann auch als lange Stange von oben her im Gefäß federnd hängen. Das ist bei Großgleichrichtergefäßen gebräuchlich, da die Größe der Gefäße die seitliche Lage erschweren.

Es gibt außerdem einige andere Methoden, um den Unterbrechungsfunken zu erzeugen. So kann der Funken durch Zerreißen eines Quecksilberfadens erzeugt werden.

Zu diesem Zweck ist bei Glasgefäßen neben dem Hauptquecksilberraum noch ein Nebenraum vorhanden, so daß beide durch eine Quecksilberrinne ver-bunden sind. Schickt man über eine Verbindung einen hohen Strom, so ver-dampft das Quecksilber und die Verbindung reißt unter Funkenbildung ab. Eine andere Methode ist die sog. *Spritzzündung*. Hier hat die Zündanode eine feste Lage im Gefäß und es wird aus der Quecksilberanode heraus ein Quecksilberstrahl dagegen gespritzt; der beim Abreißen den Zündfunken er-zeugt. Abb. 76 zeigt die grundsätzliche Anordnung. An den Quecksilber-behälter ist ein Rohr U aus unmagnetischem Material angeschlossen, in dem ein Kolben K aus Eisen sich bewegen kann. Dieser Kolben wird vom Queck-silber nach oben gedrückt. Er hat in der Längsrichtung eine Durchbohrung. Wird durch eine äußere Magnetspule P der Kolben plötzlich nach unten gezogen, so wird das Quecksilber verdrängt und dringt durch die Längs-bohrung nach oben und durchstößt als Strahl das Quecksilber der Kathoden-schale und stellt die Verbindung zur Zündanode ZA her, die beim Abreißen den

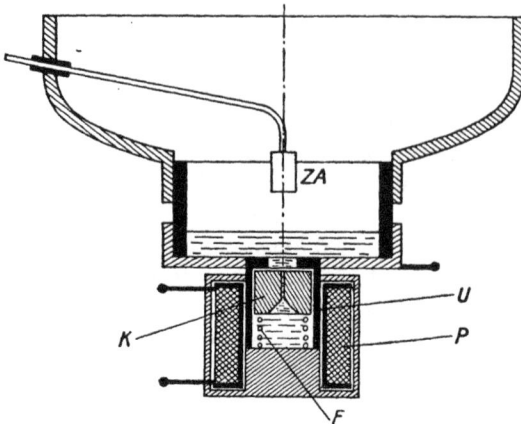

Abb. 76. Anordnung zur Zündung mit Quecksilberstrahl (Spritzzündung). ZA = Zündanode, K = bewegliche Kolben, U = Zylinder aus unmagnetischem Material, F = Feder, P = Zündspule.

Zündfunken ergibt. Dieser Vorgang wird vermittels einer Relaisanordnung so lange wiederholt, bis die Erregeranoden Strom aufnehmen und das Zündrelais den Zündkreis abschaltet. Der Kolben schwimmt dabei immer wieder langsam nach oben, so daß die Relaisanordnung zwischen Unterbrechung und Wiedereinschalten des Zündspulenstromes die notwendige Wartezeit einhalten muß. Zur Aufrechterhaltung eines Kathodenfleckes sind etwa 6 bis 12 A gleichgerichteter Strom notwendig, je nach Größe der Gefäße. Als Erregertransformatorspannung wählt man dabei 50 bis 90 V und bemißt die Anodendrossel so, daß sich damit und unter Berücksichtigung einer Brennspannung von 10 bis 20 V der gewünschte Erregerstrom ergibt. Bei mehranodigen Gefäßen oder einanodigen Hochspannungsventilen spielt der für die Erregung notwendige Aufwand und die damit verbundenen Verluste von 100 bis 300 W keine Rolle.

Bei Gleichrichtern mit dauernd gleicher Last kann man auf den Erregerstrom verzichten, denn der Hauptstrom hält selbst den Kathodenfleck aufrecht. Man macht davon gelegentlich Gebrauch bei kleineren Gleichrichtern für Batterieladung.

Damit ist das Grundsätzliche über die Kathodenfleckbildung durch magnetische Zündfunkenbildung gesagt und es sei abschließend die rein elektrische Zündfunkenbildung mittels Zündstift betrachtet. Diese hat insbesondere Bedeutung für einanodige Gefäße mit Quecksilberkathode.

Bei einanodigen Gefäßen mit Quecksilberkathode wäre der Aufwand für die Erregung und die Verluste einer ganzen Anlage mit vielen Gefäßen verhältnismäßig hoch. Der Grundgedanke des Zündstiftes bzw. Innenzünders ist, diese Verluste zu vermeiden, indem man bei einanodigen Gefäßen auf den dauernden Erregerstrom verzichten kann, wenn es auf einfache Weise gelingt, den Zündvorgang zu Beginn jeder Stromführungszeit neu einzuleiten. Während der Stromführung hält ja der Hauptstrom selbst den Kathodenfleck aufrecht. Dadurch kommt man außerdem zu sehr gedrängten Bauformen einanodiger Gefäße — und das ist das eigentlich entscheidende — mit verhältnismäßig kleinem Lichtbogenabfall.

Der Innenzünder besteht aus einer Halbleiterspitze, die ins Kathodenquecksilber eintaucht. Im gewünschten Zündzeitpunkt wird ein Stromstoß auf

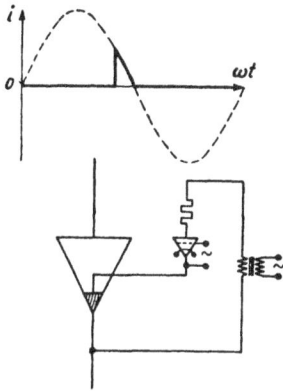

Abb. 77. Schaltbild zur Zündung mit Innenzünder unter Verwendung eines Glühkathodenventiles. Oben: Verlauf des Stromes über den Innenzünder.

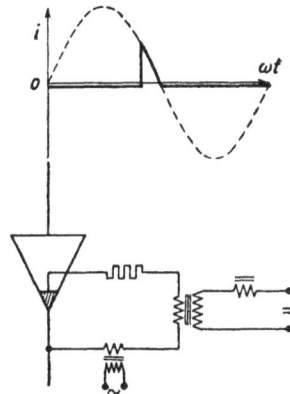

Abb. 78. Schaltbild zur Zündung mit Innenzünder unter Verwendung einer vormagnetisierten Drossel.

diese Spitze gegeben, der einen Kathodenfleck an der Berührungskante zwischen Stift und Quecksilberoberfläche entstehen läßt, der die Hauptentladung nach sich zieht. Dieser Stromstoß muß periodisch wiederholt erfolgen mit der Netzfrequenz. Man kann den Stromstoß entweder durch ein Hilfsglühkathodenrohr mit Gitter einleiten oder aber die Stromspitze eines verzerrten Magnetisierungsstromes einer übersättigten und vormagnetisierten Drossel dazu benutzen. Beide Möglichkeiten zeigen die Abb. 77 und 78. In beiden Fällen erhält man als Stromstoß einen Ausschnitt aus der zweiten Hälfte der positiven Halbwelle einer Sinuskurve wie oben angedeutet. Die steile Front des Stromes muß auf den gewünschten Zündzeitpunkt gelegt werden.

Außer den beschriebenen elektrischen Hilfskreisen benötigen die Ventile je nach ihrer Bauart noch Hilfseinrichtungen für die Kühlung und u. U. für die Vakuumhaltung. Es kommt reine Luftkühlung mittels Ventilator bei Glasgefäßen und Kleineisengefäßen in Frage und Wasserkühlung bei Großeisengleichrichtern. Dazu kann entweder Frischwasserkühlung oder Wasserumlaufkühlung mit Rückkühler und Ventilator gewählt werden. Es erübrigt sich, auf diese bekannten Anordnungen einzugehen.

Glühkathodengefäße, mehranodige Glasgefäße und ein- und mehranodige Eisengefäße bis ca. 1000 A sind abgeschmolzen bzw. abgeschweißt nach erfolgter Evakuierung und arbeiten dann pumpenlos.

Die Vakuumhaltung bei Großeisengleichrichtern dagegen verlangt eine umlaufende Vorvakuumpumpe und eine Quecksilberdampfstrahlpumpe.

b) Die Hilfskreise für die Gitterspannung

Die einfachste Anordnung zur Gitterreglung ist bereits in Abb. 58 oben angedeutet. Sie besteht aus einem Drehregler D, dessen sekundäre sinusförmige Spannungen in der Phasenlage veränderlich sind. Die Einstellung der Phasenlage geschieht durch Verdrehen des Ankers bzw. dessen Achse.

Es hat sich nun gezeigt, daß ein sinusförmiger Verlauf der Gitterspannung nicht befriedigt. Ein Gasentladungsventil hat eine bestimmte Zündkennlinie. Diese gibt, abhängig von der Spannung: Anode gegen Kathode, diejenige Spannung gegen Kathode an, die die Gitterspannung aus dem Negativen kommend überschreiten muß, um die Zündung der Hauptentladung freizugeben.

Man muß wieder unterscheiden zwischen statischer und dynamischer Kennlinie. Abb. 79 zeigt oben die statische Kennlinie eines Glühkathodenventils. Man nimmt sie auf, indem man eine einstellbare Gleichspannung über einen Widerstand an Anode und Kathode legt und dabei die Gitterspannung vom Negativen langsam positiv werden läßt, wie früher in Abb. 57 gezeigt, bis die Zündung einsetzt. So erhält man eine mit steigenden Anodenspannungen negativer werdende Kennlinie, die aber bei kleineren Anodenspannungen ins Positive abknickt. Im Positiven bricht die Kennlinie ab, wenn eine Entladung nach dem Gitter einsetzt.

Praktisch ist nun die Anodenspannung vor der Zündung häufig eine sinusförmige Wechselspannung. Man erhält dann die dynamische Zündkennlinie, indem man zu jedem Wert der veränderlichen Anodenspannung aus der statischen Kennlinie den zugehörigen Wert entnimmt, vorausgesetzt, daß die statische Kennlinie unter den dynamischen Verhältnissen noch gilt. Das ist nur bei Glühkathodenventilen mit Edelgasfüllung annähernd der Fall.

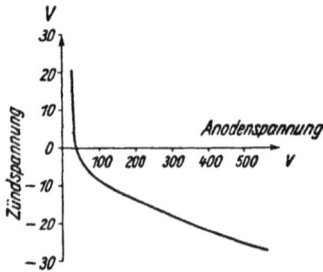

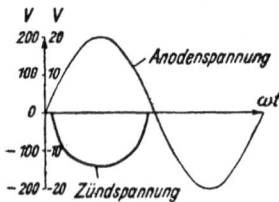

Abb. 79. Statische und dynamische Zündkennlinie eines Ventiles mit Quecksilberkathode.

Außerdem gilt zwar für ein bestimmtes Ventil eine bestimmte Kennlinie, aber es ist mit einem Streubereich der Zündkennlinie für eine Vielheit von Röhren gleicher Type zu rechnen.

Insbesondere bei Quecksilberdampfgefäßen ist nun die Zündkennlinie stark schwankend, je nach der Dampfdichte im Gefäß und damit der Temperatur und dem Belastungszustand. Bei dem geneigten Verlauf der Sinuskurve, beim Übergang der negativen zur positiven Halbwelle, ist aber bei schwankender Zündkennlinie eine sichere Festlegung des Zündzeitpunktes nicht möglich.

Daher hat man Schaltungen entwickelt, die die sinusförmige Spannung so verzerren, daß im gewünschten Zündzeitpunkt ein steiler Anstieg der Gitterspannung vom Negativen ins Positive entsteht. Dabei kann diese Sprungstelle in der Phase verschiebbar sein, mittels des Drehreglers, wie oben gezeigt, oder es kann auch diese Frage rein elektrisch gelöst werden.

Für eine solche Verformung der Gitterspannung lassen sich nun viele Schaltungen finden. Wir wollen hier nur zwei charakteristische Beispiele näher betrachten.

Wenn man nach Abb. 80 eine eisengeschlossene Drossel D_1 und eine Drossel mit Luftspalt D_2 in Reihe schaltet, so kann man an D_1 eine Spannung erzielen, die in Abb. 81 links unten mit u_{1-3} bezeichnet ist, und in ihrem Verlauf eine steile Front zeigt. Hierzu muß die magnetische Kennlinie der eisengeschlossenen Drossel bei Übergang in die Sättigung einen scharfen Knick aufweisen. Eine solche Kennlinie ist in Abb. 81 rechts oben mit *1* bezeichnet; dabei ist der Einfachheit halber angenommen, daß die Kennlinie im Sättigungsbereich waagerecht verläuft. Die Kennlinie der Luftspaltdrossel ist eine geneigte Gerade, mit *2* bezeichnet. Die Kennlinien sind in solchem Maßstab auf-

gezeichnet, daß die Abszisse unmittelbar den Strom durch die Reihenschaltung in A und die Ordinate den magnetischen Fluß (Induktion mal Eisenquerschnitt) multipliziert mit der Windungszahl in Voltsekunde, die Flußverkettung angibt. Die sinusförmige Spannung verteilt sich nun auf beide Drosseln. Die

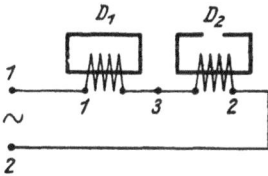

Abb. 80.   Reihenschaltung einer Drossel ohne Luftspalt und einer Drossel mit Luftspalt zur Bildung einer Spannung mit steiler Front.

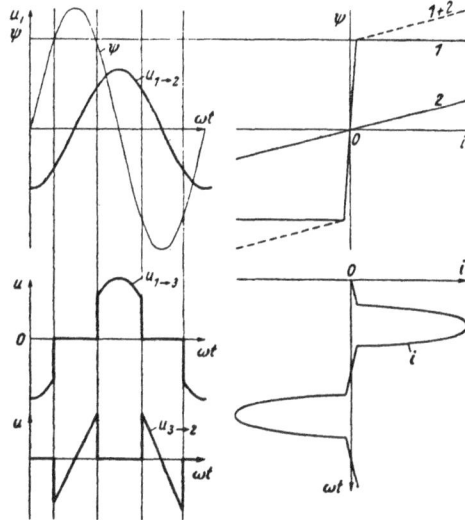

Abb. 81. Bildung des Spannungsverlaufes an den Drosseln in Abb. 81.

Spannung an jeder Drossel ist aber gegeben durch die Ableitung des Flusses nach der Zeit, so daß die Beziehung gilt:

$$u_{1-3} = \frac{d\,\psi_1}{dt}, \qquad u_{3-2} = \frac{d\,\psi_2}{dt}, \qquad u_{1-2} = u_{1-3} + u_{3-2} = \frac{d\,(\psi_1 + \psi_2)}{dt}$$

Daraus können wir aber entnehmen, daß bei sinusförmiger Spannung auch der Summenfluß sinusförmig sein muß und daß wir die Kennlinien einfach summieren können, um den Zusammenhang von Gesamtfluß und Strom zu finden, wie in Abb. 81 durchgeführt. Um nun die gewünschte Spannung an D_1 zu erhalten, müssen wir die Spannung und damit den Summenfluß so groß wählen, daß er ins Gebiet der Sättigung von D_1 hineinragt. Dann ergibt sich zunächst ein Zusammenhang von Summenfluß ψ und Strom i an Hand der Kennlinie, wie es Abb. 81 zeigt. Der Stromverlauf zeigt im Gebiet der Sättigung von D_1 hohe Werte; hierbei wird die Spannung ausschließlich von D_2 aufgenommen. Im Zeitbereich, in dem D_1 ungesättigt ist, liegt die Spannung ausschließlich an D_1. So gehört zu dem Stromverlauf rechts der links gezeichnete Spannungsverlauf an D_1 und D_2.

Die Spannung an D_1 ist als Gitterspannung für zwei um 180° el. in der Stromführung aufeinanderfolgende Ventile geeignet, und zwar in Reihe mit einer negativen Gleichspannung. Abb. 82 zeigt für zwei Anoden eines Doppeldreiphasengleichrichters die vollständige Schaltung unter Verwendung dieser Anordnung. Die Phasenverschiebung geschieht durch einen Drehregler. Für die anderen Anoden haben wir den gezeichneten Teil entsprechend zu ergänzen. Die eingezeichnete Gleichspannungsquelle ist als Trockengleichrichter ebenfalls angeschlossen an den Hilfstransformator zu denken.

Die beschriebene Anordnung, die wir als Doppeldrosselregler bezeichnen wollen, entspricht auch im Prinzip dem sog. „Mu-Kern"regler. Hier sind nur die beiden Drosseln in einem Kern vereinigt.

Man ist nun bestrebt, den Drehregler als Mittel zur Phasenverschiebung zu vermeiden und macht davon Gebrauch, daß sich die steile Front des Spannungssprunges an der Drossel verschieben läßt durch Anwendung veränderlicher Vormagnetisierung. Die einfachste Schaltung dieser Art ist aus dem sog. Phasenschieberkreis entstanden nach Abb. 83. Hier liegt eine Drossel und ein Widerstand in Reihe an einer Transformatorenspannung mit

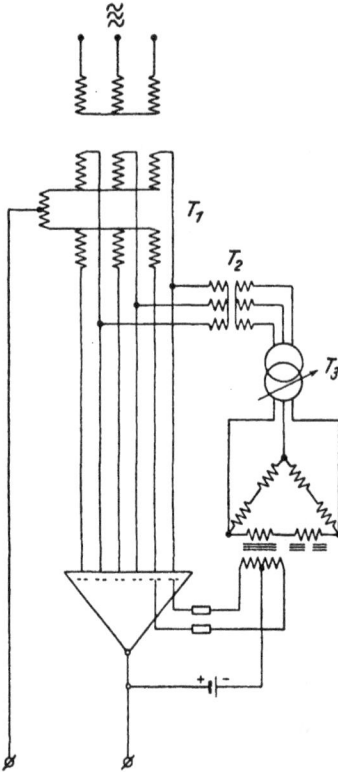

Abb. 82. Schaltbild zur Verwendung der Drosselreihenschaltung n. Abb. 80 zur Gitterregelung eines Gleichrichters.

Mittelabgriff. Nimmt man für die Drossel ein Eisen mit einer Kennlinie, die ganz allmählich in die Sättigung übergeht, so kann man durch Vormagnetisierung den induktiven Widerstand der Drossel stetig ändern, sofern die Wechselspannung an der Drossel so klein bleibt, daß immer nur ein kleiner Teil der Kennlinie umfaßt wird. Der veränderlichen Neigung der Kennlinie im jeweils durch die Vormagnetisierung festgelegten Arbeitspunkt entspricht die veränderliche Induktivität. Man erhält auf diese Weise zwischen den Punkten 3 und 0 eine in der Phasenlage veränderliche Wechselspannung gemäß der Drehung des Vektors u_{3-0} in dem Diagramm Abb. 83.

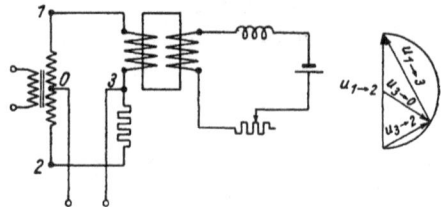

Abb. 83. Schaltbild zur Bildung einer Spannung, deren Phasenlage mittels vormagnetisierter Drossel verändert werden kann.

Um dem Vormagnetisierungszweig die Wechselspannung fernzuhalten, verwende man zweckmäßig zwei Drosseln parallel, deren Gleichstrommagnetisierungswicklungen im umgekehrten Sinne durchlaufen werden.

An Stelle der Änderung der Induktivität kann auch der ohmsche Widerstand geändert werden, was auch eine Drehung des Vektors bewirkt.

Die sinusförmige Spannung ist genau wie eine Drehreglerspannung, als Gitterspannung für Gleichrichter geeignet ohne eine negative Vorspannung. Diese Anordnung gibt zwar die ruhende Phasenverschiebung, aber es fehlt die steile Front der Gitterspannung. Daher wird der einfache Phasenkreis nur für Kleingleichrichter angewandt, insbesondere mit Glühkathodenventilen, deren Kennlinie nur wenig schwankt.

Es läßt sich nun Phasenverschiebung und steile Front der Gitterspannung zugleich durch eine vormagnetisierte Drossel erzielen. Das sei an einem weiteren Beispiel veranschaulicht. Wenn man Drosseln mit scharfem Kennlinienknick nach Art der Abb. 81 rechts oben Linie 1 verwendet, so kann man sagen, für eine solche Drossel sind nur zwei Zustände möglich: Entweder sie ist ungesättigt, dann ist der induktive Widerstand relativ hoch, oder sie ist gesättigt, dann ist der induktive Widerstand relativ klein. Da nun der Zeitpunkt des Überganges vom ungesättigten in den gesättigten Zustand durch die Vormagnetisierung eingestellt werden kann, so läßt sich eine Umschaltung der Gitterspannung von einer Sperrspannung auf eine Zündspannung im gewünschten Zündzeitpunkt durchführen.

Abb. 84 zeigt die Anordnung im Schema. Als Zündspannung ist eine im Zündbereich positive Wechselspannung u_{1-0} gewählt und als Sperrspannung eine im Zündbereich negative Wechselspannung u_{2-0}. Beide Spannungen sind im Punkt 0 an die Kathode angeschlossen und zwischen 1 und 2 liegt die Reihenschaltung einer vormagnetisierten Drossel D_1 mit einer Luftspaltdrossel D_2, deren Verbindungspunkt 3 zum Gitter führt.

Wenn jetzt die induktiven Widerstände so abgestimmt sind, daß der von D_1 groß ist gegenüber von D_2, wenn D_1 ungesättigt ist, und bei Sättigung von

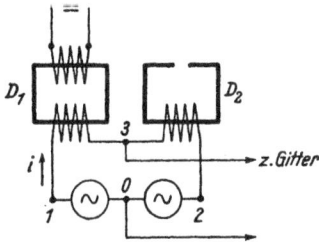

Abb. 84. Reihenschaltung einer vormagnetisierten Drossel und einer Drossel mit Luftspalt an der Reihenschaltung phasenverschobener Spannungen $U_{1\to0}$ und $U_{2\to0}$.

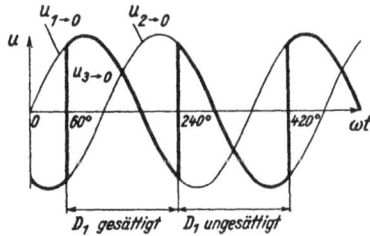

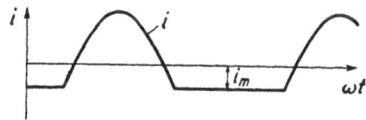

Abb. 85. Verlauf der Gitterspannung und des Stromes in der Schaltung nach Abb. 84 für eine bestimmte Vormagnetisierung der Drossel.

6*

D_1 umgekehrt, so wechselt die Spannung u_{3-0} zwischen u_{1-0} und u_{2-0}, je nachdem D_1 gesättigt ist oder nicht.

Es zeigt sich nun bei Gleichstrommagnetisierung von D_1, daß innerhalb der
Periode der Wechselspannung Abschnitte der Sättigung und der Nichtsätti-
gung abwechseln, und zwar bedingt durch den Wechselstrom, den die Drosseln
aufnehmen. Das veranschaulicht Abb. 85. Wir sehen oben die beiden Wechselspannungen und unten den Strom über die Drosseln bei einer bestimmten
Gleichstrommagnetisierung, die für das Windungsverhältnis 1:1 der Wicklungen mit i_m gekennzeichnet ist. Die negative Halbwelle kann nur bis zu
einer Höhe entsprechend der Gleichstrommagnetisierung anwachsen. Dann
ist nämlich diese kompensiert und die Drossel kommt in den ungesättigten
Zustand und kann die volle Spannung aufnehmen ohne wesentliche weitere
Stromänderung. In diesem Bereich ist daher die Gitterspannung der rechten
Wechselspannung in Abb. 84 gleich, wie uns Abb. 85 zeigt: $u_{3-0} = u_{2-0}$. Der
Sättigungsbereich ist um so breiter, je größer die Gleichstrommagnetisierung
ist und liegt symmetrisch zum Nulldurchgang der Differenzspannung: u_{1-0}
$- u_{2-0} = u_{1-2}$.

Das sei auch veranschaulicht an der Lage des magnetischen Flusses in Abb. 86.
Im Gegensatz zu Abb. 81 ist die Drossel D_2 so bemessen, daß im ungesättigten
Zustand der Fluß nicht über den Knick hinausgeht. Wenn jetzt eine Gleichstrommagnetisierung hinzukommt, verschiebt sich der Fluß zunächst z. B.
in die gestrichelt gezeichnete Lage. Der Wechselstromzweig wird dabei einen
Strom erhalten müssen, der die zur Gleichstromvormagnetisierung zusätzlich
notwendige Magnetisierung aufbringt. Dieser Strom würde, wenn wir ihn
in Abb. 86 konstruieren würden mit der Gleichstrommagnetisierung als Nulllinie einen Gleich-
stromanteil enthalten. Das ist im
Wechselstromzweig nicht möglich
wegen des damit verbundenen
Gleichspannungsabfalls an den
ohmschen Widerständen. Dieser
bewirkt eine Verschiebung des
magnetischen Flusses in die stark
ausgezogen gezeichnete Lage. So
entsteht ein Strom in Abb. 86
rechts unten, wie ihn uns schon
Abb. 85 zeigte.

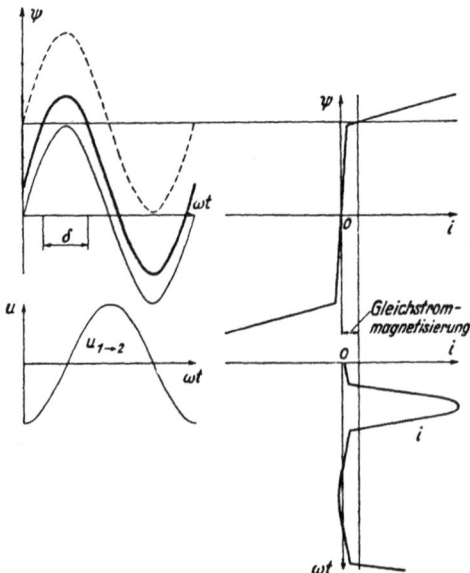

Abb. 86. Resultierende magnetische Kennlinie
sowie die Lage des magnetischen Flusses und
des Stromes in der Schaltung nach Abb. 84.

Die Entwicklung des Wechselstromes mit steigender Gleichstrommagnetisierung bringt Abb. 87
oben in einer Oszillogrammreihe,
aus der auch die gleichzeitige Verschiebung des Spannungssprunges
zu erkennen ist.

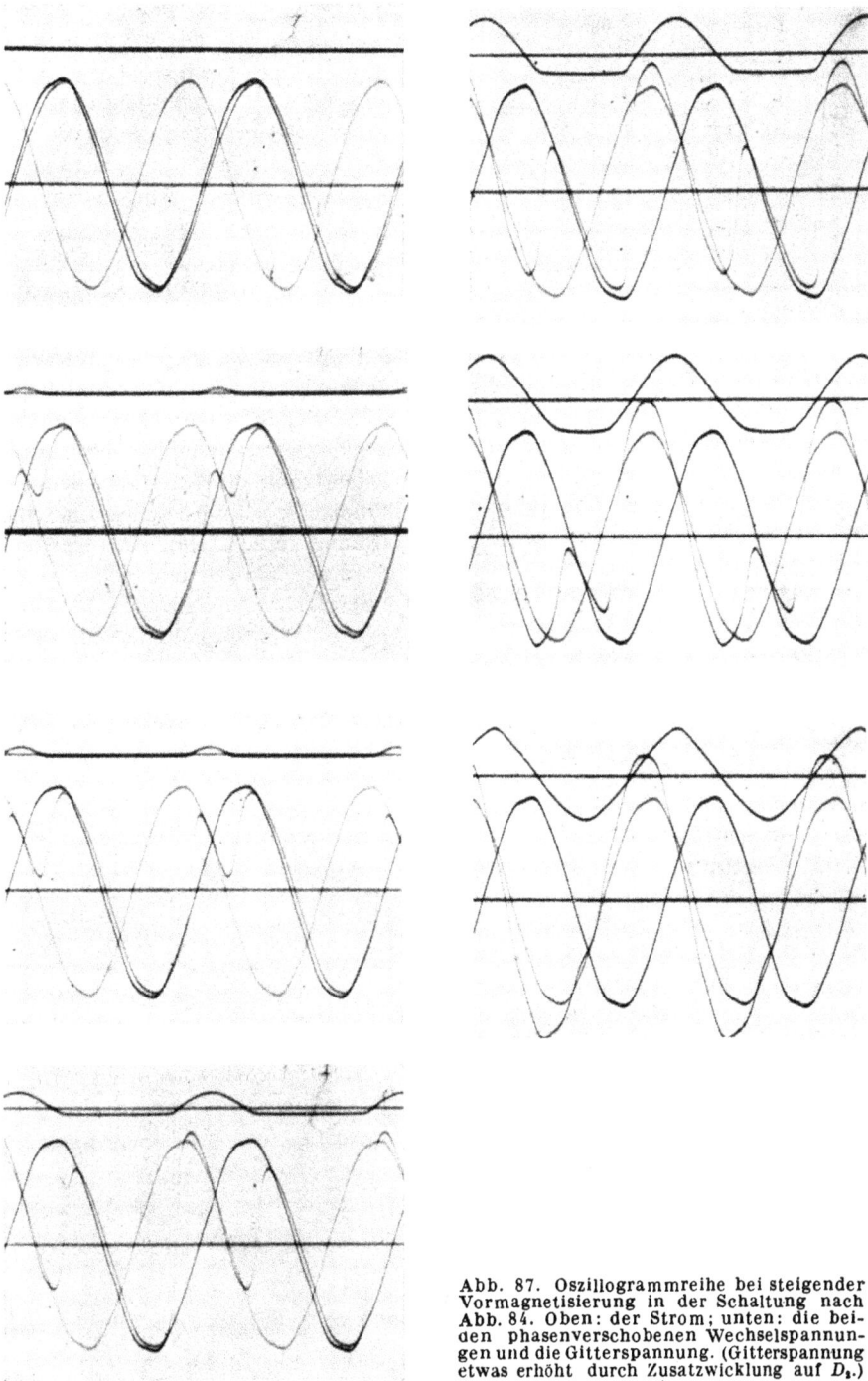

Abb. 87. Oszillogrammreihe bei steigender Vormagnetisierung in der Schaltung nach Abb. 84. Oben: der Strom; unten: die beiden phasenverschobenen Wechselspannungen und die Gitterspannung. (Gitterspannung etwas erhöht durch Zusatzwicklung auf D_1.)

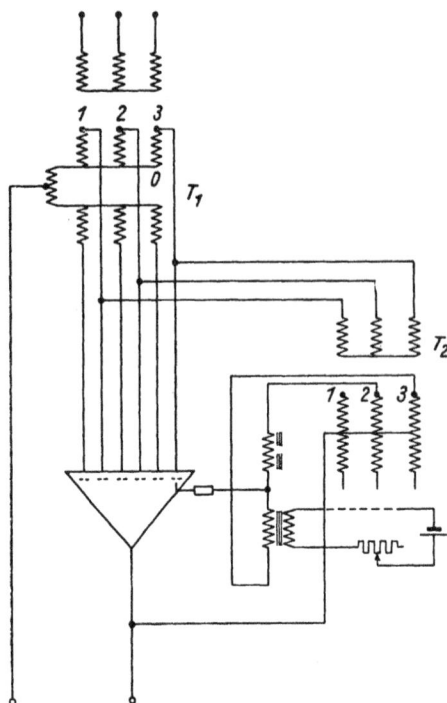

Abb. 88. Verwendung der Schaltung nach Abb. 84 zur Gitterregelung eines Gleichrichters.

Abb. 88 deutet an, wie die beschriebene Anordnung zur Gittersteuerung eines Doppeldreiphasengleichrichters eingesetzt werden kann. Es ist wieder nur ein Gitterzweig gezeichnet; man hat sich die Reihenschaltung sechsmal wiederholt zu denken.

Der für Gleichrichterbetrieb notwendige Verschiebungsbereich des Zündwinkels und damit des Spannungssprunges in der Gitterspannung beträgt höchstens 90⁰, wenn man die Spannung von Null aus hochfahren will. Das gilt insbesondere auch für Regelung der Ankerspannung von Gleichstrommotoren. Dieser Bereich läßt sich durch die beschriebene Anordnung erzielen. Handelt es sich dagegen nur darum, eine Gleichspannung konstant zu halten, bei schwankender Wechselspannung oder Belastung, so genügt meist ein kleiner Zündwinkelbereich.

Diese Beispiele veranschaulichen das Wesen der Gitterregelanordnungen. Zusammenfassend sei im folgenden eine Einteilung der wichtigsten Anordnungen gegeben.

Aus dem vorstehenden geht ohne weiteres hervor, wie die Regelung von Hand bei den einzelnen Schaltungen vor sich geht: entweder durch Ver-

Bezeichnung	Phasen- verschiebung des Zündpunktes mit	Erzeugung des Spannungs- sprunges mit	Negative Vorspannung	Selbsttätige Regelung bspw. mit
Drehregler	Drehtransformator	keine	keine	Öldruckregler
Röhrenregler	,, [1]	Glühkathoden- röhren	ja	,,
Doppeldrossel- regler	,, [2]	vormagnetisier- ten Drosseln	ja	,,
Phasenschieber- kreis	vormagnetisier- ten Drosseln	keine	keine	Kohledruck- regler
,,	Schieberwider- stand	keine	keine	,,
G. W. Müller Steuerung	veränderlicher Gleichspannung	keine	keine	,,
Spannungs- sprungregler	vormagnetisier- ten Drosseln	vormagnetisier- ten Drosseln	keine	,,

[1] Zusätzliche Regelung durch Verschiebung des Zündpunktes der Hilfsröhren.
[2] Durch zusätzliche Vormagnetisierung wird Verschiebung des Spannungssprunges in kleinen Grenzen erreicht.

drehen der Achse des Drehtransformators oder aber durch Verstellen eines ohmschen Widerstandes im Kreis der Gleichstromvormagnetisierung.

Bei der selbsttätigen Regelung unterscheidet man elektromechanische und rein elektrische Regelung, die in Abb. 89 und 90 schematisch dargestellt sind. Bei der *elektromechanischen Regelung* wird die zu regelnde Größe, z. B. die Gleichrichterspannung oder der Gleichstrom (1), zunächst in eine mechanische Kraft umgesetzt, und zwar mit Hilfe eines Magneten. Die gleichgerichtete Spannung wird z. B. dem Magnetsystem eines Öldruckreglers oder eines Kohledruckreglers zugeführt. Beide Regler enthalten eine Feder, die auch auf den Magnetanker einwirkt. Je nachdem, ob die eine oder andere Kraft überwiegt, bewegt er sich in der einen oder anderen Richtung (4). Die Bewegung des Ankers bewirkt beim Öldruckregler die Steuerung des Ölflusses, der die Verstellung der Achse zur Folge hat, die mit dem Drehregler gekuppelt ist. Dadurch wird unmittelbar eine Phasenverschiebung der angeschlossenen Gitterspannungsordnung erzielt (5) und (6). Die Bewegung des Ankers bewirkt beim Kohledruckregler eine Änderung des Druckes auf die Kohleplattensäule und damit eine Änderung des ohmschen Widerstandes der Säule (5). Die Säule liegt im Kreis der Vormagnetisierung und es entsteht eine Änderung des Gleichstromes, der in der einen oder anderen beschriebenen Weise die Phasenverschiebung der Gitterspannung zur Folge hat. (6), (2), (3) und (4) bilden den eigentlichen elektromagnetischen Regler. (5) ist die Anordnung zur Phasenverschiebung der Gitterspannung.

Der *rein elektrische Regler* nach Abb. 90 vergleicht die zu regelnde Größe unmittelbar mit einem elektrischen Normal — d. h. irgendeiner stabilisierten Gleichspannungsquelle (3). Die Abweichung vom Normal wird verstärkt (4) und unmittelbar dem Gleichstromzweig des Gitterregelsatzes (5) zugeführt.

Die bei jeder Regelanordnung zu stellenden Fragen hinsichtlich Ansprechempfindlichkeit, Genauigkeit, Stabilität, astatisch oder statischen Verhalten usw. sei hier nicht erörtert, wo es nur um das grundsätzliche Verhalten geht.

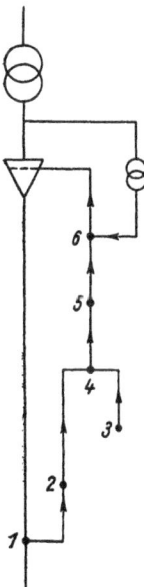

Abb. 89. Schema einer elektromechanischen Regelung.
1 Anschluß an elektrische Regelgröße.
2 Umsetzung in proportionale mechanische Regelgröße: Magnetische Kraft.
3 Mechanisches Normal: Federkraft.
4 Vergleich der magnetischen Kraft mit der Federkraft: Differenz bildet Regelimpuls.
5 Umsetzung des Regelimpulses in elektrische Zustandsänderung.
6 Umsetzung der elektrischen Zustandsänderung in Phasenverschiebung der Gitterspannung.

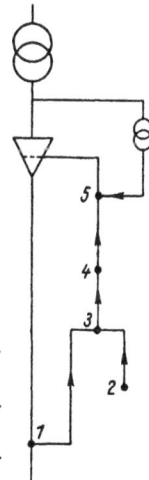

Abb. 90. Schema einer rein elektrischen Regelung.
1 Anschluß an elektrische Regelgröße.
2 Elektrisches Normal.
3 Vergleich von *1* und *2*: Differenz bildet Regelimpuls.
4 Verstärkung des Regelimpulses.
5 Umsetzung des Regelimpulses in Phasenverschiebung der Gitterspannung.

c) Der Schutz der Gleichrichteranlagen

Abschließend sei kurz der Schutz der Gleichrichteranlagen behandelt. Wir gehen aus vom Schutz des Gefäßes selbst.

Überlastung ist bei Gefäßen mit Quecksilberkathode kurzzeitig zulässig bis zum doppelten Nennstrom. Glühkathodenröhren dagegen sind durch die Kathode auf den Nennstrom begrenzt. Überlastung führt hier zur Zerstörung der Elektronen aussendenden aktiven Kathodenschicht.

Langdauernde Überlastung und Kurzschluß führen auch bei Gefäßen mit Quecksilberkathode zu Übererwärmung, die besonders bei Glasgefäßen zerstörend wirken kann.

Bei kleinen Geräten dienen zum Schutz gegen Überlastung Sicherungen im Gleichstrom- oder Wechselstromzweig.

Bei großen Anlagen werden Überstromselbstschalter verwendet mit Kurzschlußschnellauslösung für hohe Überströme und thermisch verzögerter Auslösung für langandauernde kleine Überströme. Bei verzweigten Netzen insbesondere Bahnanlagen, werden die Strecken durch besondere Streckenschalter geschützt, die die kurzschlußverursachende Strecke abschalten sollen, ohne daß die Gleichstromschalter der Anlage ansprechen. Unter Umständen ist damit eine selbsttätige Wiedereinschaltvorrichtung mit vorhergehender Streckenprüfung verbunden.

Außer dem Schutz gegen Überlastung muß bei Gleichrichtergefäßen ein Schutz gegen „Rückzündung" vorhanden sein, wenngleich bei modernen, richtig belasteten Gefäßen Rückzündungen nur noch äußerst selten auftreten.

Rückzündung bedeutet Versagen der Sperrwirkung eines Ventiles, das hat zweierlei zur Folge:

1. Setzt ein Kurzschluß der Anlage ein, sozusagen unmittelbar am Transformator, indem über die „gesunden" Ventile gleichgerichtete Ströme fließen, die sich über das kranke Ventil und die angeschlossene Transformatorwicklung im Kurzschluß schließen. Das zeigt das Schema in Abb. 91. Die genaue Theorie der dabei auftretenden Ströme ist umständlich und wurde an anderer Stelle gegeben.

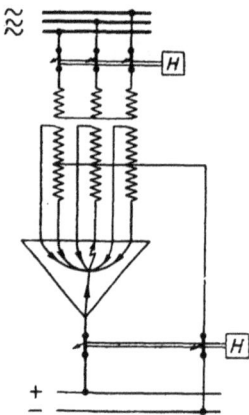

Abb. 91. Schema des Stromes bei einer Rückzündung bei einem sechsphasigen Gleichrichter.

Eine Rückzündung wirkt sich erstens auf der Primärseite als Kurzschluß des Gleichrichtertransformators aus und bringt die Kurzschlußschnellauslösung des Ölschalters oder bei kleineren Geräten die Sicherungen zum Ansprechen.

2. bedeutet das rückzündende Ventil einen Kurzschluß für alle parallelarbeitenden Anlagen. Daher muß bei einer Rückzündung gleichzeitig der Gleichstromschalter fallen, um das Hineinspeisen in die Rückzündstelle zu verhindern. Das kann geschehen, indem der fallende Ölschalter über einen Hilfs-

kontakt den Gleichstromschalter auslöst, oder durch Rückstromauslösung des Gleichstromschalters. Um die Rückwirkung auf parallelarbeitende Anlagen möglichst auszuschließen, verwendet man hier häufig rückstromempfindliche Schnellschalter.

Sicherungen vor den Ventilen schalten das rückzündende Ventil ab und unterbrechen dadurch beide Arten des Kurzschlusses, zugleich sprechen aber auch oft die Sicherungen der anderen Ventile an, die in die Rückzündstelle hineinspeisen.

Bei Gefäßen mit Gittern läßt sich bei Kurzschluß und Rückzündung die sog. Gitterschnellabschaltung anwenden. Diese ist im Schema Abb. 92 veranschaulicht. Der Hauptkreis eines Gleichrichters vom Drehstromnetz über die Stromwandler *SW*, den Haupttransformator *HT*, die Gefäße und den Gleichstromschalter *GS* zum Gleichstromnetz, ist stark hervorgehoben. Das Gitter erhält über den Drehregler *DT* seine Spannung.

Im Kurzschluß- oder Rückzündfalle spricht nun das vom Stromwandler *SW* gespeiste Schnellrelais *SR* an und schaltet eine negative Sperrspannung in die Verbindung der Gitteranordnung zur Kathode, die den positiven Teil der Gitterspannung unterdrückt und so die Zündung der Ventile verhindert. Bei Kurzschluß kann dadurch der Strom unterbrochen werden. Die gerade stromführende Anode kann nicht gelöscht werden; sie wird aber nicht mehr von der folgenden Anode in der Stromführung abgelöst, sondern führt den Strom weiter bis zum Nulldurchgang, dabei ist

Abb. 92. Schematische Schaltung zur Gitterschnellabschaltung eines Gleichrichters.

die zugehörige Phasenspannung des Transformators als „gleichgerichtete" Spannung wirksam. Wenn z. B. eine Glättungsdrossel im Gleichstromzweig vorhanden ist, kann das Abklingen des Stromes viele Perioden dauern. Während dieser Zeit liegt dann die volle sinusförmige Wechselspannung am Gleichstromzweig.

Bei Gitterabschaltung einer Rückzündung läßt sich auch nur das Wiederzünden der in die Rückzündstelle hineinspeisenden Anode verhindern. Dadurch wird der Strom über die rückzündende Anode mittelbar unterbrochen, der sich nicht unmittelbar löschen läßt. Wenn aber gleichzeitig parallelarbeitende Anlagen in die Rückzündstelle speisen, so muß der Gleichstromschalter fallen oder aber bei parallelarbeitenden Gleichrichtern müssen diese alle gesperrt werden.

Die Gitterschnellabschaltung von Kurzschlüssen und Rückzündungen bedeutet eine Schonung der Gefäße; die Ströme kommen innerhalb einer Periode schon zur Löschung, dadurch wird die Graphitzerstäubung der Anoden auf ein Mindestmaß herabgesetzt.

Bei Abschaltung durch normale Überstromschalter dagegen ist mit 5 bis 10 Perioden zu rechnen.

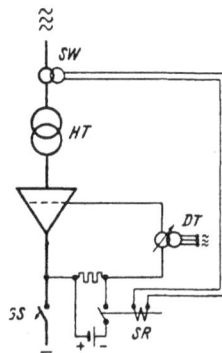

Daher verwendet man bei Glasgleichrichtern meist Sicherungen, da sie bei Rückzündungen innerhalb weniger Perioden abschalten, d. h. schneller als Überstromschalter.

Außer diesen Schutzeinrichtungen für die Hauptkreise enthält jede größere Gleichrichteranlage noch eine Überwachungs- und Schutzeinrichtung für die Hilfskreise. Ordnungsmäßiges Arbeiten der Luft- oder Wasserkühlung der Vakuumhaltung bei großen Eisengleichrichtern, der Zündung und Erregung usw. wird durch Anzeigerelais überwacht und führt bei Störungen unter Umständen zur Abschaltung des Gleichstromschalters; darauf sei hier nicht näher eingegangen.

8. Die Auswahl der Ventilart und der Schaltung für die Anwendungsgebiete

a) Die Spannungs- und Stromgrenzen der Ventilarten

Der ruhende Ventilgleichrichter hat auf fast allen gemeinsamen Anwendungsgebieten die umlaufenden Maschinen, Einankerumformer oder Motorgenerator verdrängt, infolge seiner Wirtschaftlichkeit und Einfachheit in der Bedienung. Es kommt aber darauf an, unter den verschiedenen zur Verfügung stehenden Ventilarten auszuwählen, nach den Anforderungen an Strom und Spannung, die die einzelnen Anwendungsgebiete stellen. Hinsichtlich der Spannung ergibt sich folgendes Auswahlprinzip: Nach kleinen Spannungen hin sind die einzelnen Ventile nur solange wirtschaftlich, als ihr Spannungsabfall es zuläßt. Das Gebiet der Gleichspannungen unter 75—100 Volt beherrscht daher der Trockengleichrichter. Unter Beachtung der zulässigen Sperrspannung für ein Plattenpaar kann man beispielsweise unter Verwendung von Selenzellen einen Dreiphasengleichrichter mit der geringsten Plattenzahl, nämlich ein Paar für jedes der drei Ventile, für 8 Volt gleichgerichtete Spannung aufbauen. Wir haben ja gesehen, daß die Sperrspannung allgemein das 2,1-fache der Gleichspannung ist. Das entspricht also einer Sperrspannung von etwa 17 Volt. Mit sechs Plattenpaaren können wir die Dreiphasen-Vollwegschaltung nach Abb. 26 wählen und bekommen die doppelte gleichgerichtete Spannung. Mit jeder weiteren Vervielfachung der Plattenpaare je Ventileinheit vervielfacht sich auch die zulässige gleichgerichtete Spannung. Es bleibt aber der verhältnismäßige Spannungsabfall der gleiche. Er ist in Abb. 93 als gerade Linie 1 enthalten und mit 18% angenommen.

Bei den Gasentladungsgefäßen dagegen mit einem Spannungsabfall von 15 bis 20 Volt, unabhängig von der gebildeten gleichgerichteten

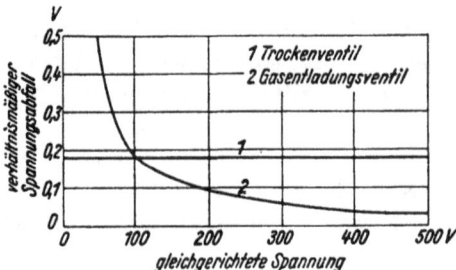

Abb. 93. Der verhältnismäßige Spannungsabfall bei steigender Gleichrichterspannung beim Trockenventil und beim Gasentladungsventil.

Spannung ist der *verhältnismäßige* Spannungsverlust abhängig von der gleichgerichteten Spannung. Die fallende Linie 2 in Abb. 93 zeigt für 18 Volt die Abhängigkeit von der Spannung. Der Schnittpunkt beider Linien bei 100 Volt zeigt uns an, daß es unter 100 V günstiger ist, Trockenventile zu verwenden, über 100 V dagegen Gasentladungsventile. Die Grenze verschiebt sich etwas nach unten für Gasentladungsventile mit kleinerem Spannungsabfall und verschiebt sich nach oben, wenn der Verbrauch der Hilfskreise der Gasentladungsventile berücksichtigt wird. Dann spielen noch Fragen des Anschaffungspreises, des Platzbedarfes und der Lebensdauer eine Rolle, die die Grenze verschieben können, doch wird grundsätzlich die Anwendungsgrenze zwischen Trockengleichrichter und Gasentladungsgefäß durch diese Betrachtung bestimmt. Durch Parallelschalten von Plattenpaaren kann man Trockengleichrichter für sehr hohe Ströme aufbauen, wie sie für Elektrolysen verlangt werden. Der Trockengleichrichter hat hier noch nicht die umlaufenden Maschinen voll verdrängen können. Dagegen beherrscht das Trockenventil das Gebiet der Kleingeräte bis zu etwa 100 A und etwa 100 V für Ladung von Akkumulatoren, Erregen von Magneten und als Einbaugleichrichter in Geräte, die Gleichstrom verlangen. Hierbei wird der Trockengleichrichter wegen seiner Einfachheit häufig auch bis zu 220 Volt gleichgerichtete Spannung verwendet.

Für das Gebiet der Spannungen über 100 V können wir uns auf die Betrachtung der Gasentladungsventile beschränken. Hier geschieht in dem wichtigsten Bereich bis etwa 1000 Volt die Auswahl nicht nach der Spannung, sondern nach der Stromstärke. Nebenstehend finden wir eine Aufstellung der üblichen Strombereiche für die verschiedenen Arten der Gasentladungsgefäße, und zwar für jedesmal ein mehranodiges Gefäß oder sechs einanodige Gefäße in Einwegschaltung.

Strombereiche von Ein- und mehranodigen Gasentladungsgefäßen (Einanodengefäße als Gruppe zu sechs Gefäßen angenommen).

Strom in Amp. von etwa	bis etwa	Gefäßart
0,1	100	Ein- und mehranodige Glas- oder Metallgefäße mit Glühkathode, pumpenlos, luftgekühlt, selten wassergekühlt
10	500	Mehranodige Glasgefäße mit Quecksilberkathode, pumpenlos, luftgekühlt
100	1000	Mehranodige Kleineisengefäße mit Quecksilberkathode, pumpenlos, luftgekühlt, selten wassergekühlt
1000	8000	Mehranodige Großeisengefäße mit Quecksilberkathode, mit Pumpe, wassergekühlt, selten luftgekühlt
2000	6000	Einanodige Eisengefäße mit Quecksilberkathode, mit dauernder Erregung oder mit Innenzünder, mit oder ohne Pumpe, luft- oder wassergekühlt

Wir sehen, daß Glühkathodengefäße, mehranodige Kleineisengefäße und mehranodige Großeisengefäße mit Quecksilberkathode in ihren Strombereichen aneinanderschließen. Die Glasgefäße mit Quecksilberkathode dagegen überschneiden das Gebiet der Glühkathoden und Kleineisengefäße.

Durch Parallelschalten mehrerer Einheiten dringt jede Gefäßart in weitere Stromgebiete vor. Aber man beschränkt sich da zweckmäßig auf die Parallel-

schaltung weniger Gefäße und wählt darüber hinaus die nächste Gefäßart
für höhere Stromstärke. Früher baute man beispielsweise Glasgleichrichter-
anlagen mit 10 bis 20 parallelen Gefäßen, jetzt aber beherrscht der pumpenlose
Kleineisengleichrichter die Lücke zwischen Glasgleichrichter und Großgleichrichter und dringt in beide Bereiche ein.

Diese ungefähren Angaben gelten für gleichgerichtete Spannungen bis zu
1000 Volt. Dabei kann man damit rechnen, daß meist das gleiche Gefäß im
ganzen Spannungsbereich benutzt wird. Nur für Spannungen unter 250 V
gibt es einige Sonderkonstruktionen mit verringertem Spannungsabfall:
Glühkathodengefäße mit Edelgasfüllung und Kleineisengleichrichter mit
äußerst kurzem Lichtbogenweg.

Für Bahnanlagen bis 3000 Volt werden ebenfalls die gleichen Gefäße benutzt,
allerdings geht man dabei mit der zulässigen Stromgrenze zurück.

Besondere Anforderungen stellt das Gebiet der hohen Spannungen. Das
Hauptanwendungsgebiet ist die Stromversorgung von Sendern. Hierfür
werden meist nur kleinere Stromstärken verlangt, so daß einanodige Glühkathodenröhren verwendet werden können für gleichgerichtete Spannungen
bis zu 30000 Volt in der Dreiphasen-Vollwegschaltung. Daneben kommen
für diese Spannungen auch pumpenlose Kleineisengleichrichter in Spezial-
konstruktion in Betracht.

Für das Gebiet der Gleichspannungs-Hochspannungsübertragung kommen
nur Einanodengefäße in Frage, die in dreiphasiger Vollwegschaltung mit
$\pm$ 220 kV gegen Erde eine Sperrspannung von 220 kV bewältigen müßten.
Praktisch legt man mehrere Gefäße in Reihe.

Die Stromstärke ist nicht allein für die Auswahl der Gasentladungsventilart
maßgebend. Daneben spielen noch Fragen der Unterteilung der Gesamt-
leistung einer Anlage auf Einzelgefäße, Reservehaltung und der notwendigen
Hilfseinrichtungen eine Rolle. Dabei ist noch zu beachten, daß die Gefäßart
für kleinere Stromstärken je Einheit einen kleineren Lichtbogenabfall aufweist.
Der Lichtbogenabfall steigt vom Glühkathodenrohr bis zum Großeisengefäß
von 15 bis etwa 30 Volt. Das ist mit ein Grund, große Stromstärken auf viele
Einzelgefäße zu verteilen.

b) Die Besonderheiten der Anwendungsgebiete hinsichtlich der
   Belastungsart.

Wir wollen nunmehr die einzelnen Ventilgleichrichteranordnungen, die wir
in ihrer grundsätzlichen Wirkungsweise kennengelernt haben, im Hinblick
auf die Anwendungsgebiete noch einmal betrachten. Wir hatten bisher der
Einfachheit halber ohmsche Belastung im Gleichstromzweig angenommen.
Dann ist der abgegebene Strom in seinem zeitlichen Verlauf übereinstimmend
mit der Spannung. Wir haben auch gesehen, daß durch Einfügen einer Drossel
im Kathodenzweig der Strom geglättet werden kann und dann in seinem
Verlauf von der gleichgerichteten Spannung abweicht. Daraus ergibt sich,
daß Strom und Spannung grundsätzlich nicht den gleichen Verlauf zu haben
brauchen.

Es entsteht nun bei näherer Betrachtung der Anwendungsgebiete die Frage, inwieweit hier die Verhältnisse bei ohmscher Belastung zutreffen, denn rein ohmsche Belastung kommt abgesehen von Prüffeldversuchen nicht vor. (Abgesehen von älteren Gleichstromlichtnetzen, die in Zukunft auf Wechselstrom umgestellt werden). Bei rein ohmscher Belastung wäre ja auch die Verwendung von Gleichstrom nicht gerechtfertigt, denn die Aufgabe könnte ebensogut der Wechselstrom erfüllen.

Die Anwendungsgebiete lassen sich zunächst in Kleingleichrichter und Großgleichrichter einteilen.

Die Kleingleichrichter umfassen das mannigfache Gebiet der Gleichrichtergeräte bis etwa 100 A. Es werden ein-, zwei-, drei- und sechsphasige Schaltungen verwendet. Es handelt sich meist um tragbare oder bewegliche Geräte mit wechselstromseitigem Anschluß an Niederspannung.

Die Großgleichrichter umfassen das Gebiet der Gleichrichteranlagen über 100 bis zu 100000 A. Es werden sechsphasige und bei den größten Anlagen zwölf- und mehrphasige Anordnungen benutzt. Es handelt sich meist um ortsfeste Anlagen mit wechselstromseitigem Anschluß an Hochspannungen.

Die Anwendungsgebiete überschneiden die Grenze von Klein- und Großgleichrichtern. Wir wollen sie hier betrachten im Hinblick darauf, welche Belastungsart für die Gleichrichter vorkommen.

Ein Hauptanwendungsgebiet insbesondere für Kleingleichrichter ist die Ladung von Akkumulatorenbatterien. Dieses Gebiet stellt eine Besonderheit in doppelter Hinsicht dar. Einmal stellt ein Akkumulator für einen Gleichrichter eine ganz andere Belastungsart dar als ein ohmscher Widerstand. Er hat einen hauptsächlichen Spannungsabfall unabhängig vom Strom. Dazu kommt noch ein kleiner stromabhängiger Anteil der durch den inneren Widerstand bedingt ist. Der stromunabhängige Anteil ist aber nun nicht absolut konstant, sondern ändert sich über den Ladevorgang (und den Entladevorgang, was hier nicht interessiert), so daß der Gleichrichter eine bestimmte Stromspannungskennlinie einhalten muß. Beide Fragen hängen eng miteinander zusammen, wie wir sehen werden.

Bei ohmscher Belastung sind gleichgerichtete Spannung und Strom gleich. Durch eine Glättungsdrossel kann der Wechselstrom unterdrückt werden. Durch Einfügen einer stromunabhängigen Spannung wird dagegen der relative Wechselstromanteil erhöht. Das kann man sich zunächst mal an dem Schema in Abb. 94 klar machen. Wenn man eine Gleichspannung mit überlagerter Wechselspannung, wie sie ein Gleichrichter darstellt, auf eine feste Spannung mit geringem inneren Widerstand schaltet, so gelten für Gleichstrom und Wechselstrom folgende Beziehungen:

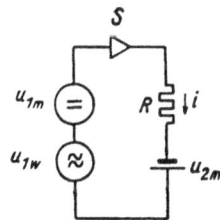

Abb. 94. Zerlegung der gleichgerichteten Spannung eines Gleichrichters in Wechselanteil U_{1w} und Gleichanteil U_{1m} zur Klärung des Stromes beim Anschluß einer Gleichgegenspannung U_{2m}.

$$i_m = \frac{u_{1m} - u_{2m}}{R}, \qquad i_w = \frac{u_{1w}}{R}.$$

Wenn man den Stromkreis durchläuft, so erkennt man, daß die Akkuspannung der Gleichrichterspannung entgegenwirkt. Man spricht daher auch von einer Gegenspannung. Der Gleichstrom wird durch den ohmschen Widerstand und die Akkuspannung begrenzt. Für den Wechselstrom ist aber *nur* der innere und äußere ohmsche Widerstand begrenzend. Daher könnte der Wechselstrom im Vergleich zum Gleichstrom 'relativ hoch sein.

Der Wechselstrom führt zu einer zusätzlichen Erwärmung des Akkus. Da aber die Wärmeleistung am inneren Widerstand dem Quadrat des effektiven Stromes proportional ist, so führt beispielsweise 30% überlagerter Wechselstrom erst zu 9% zusätzlicher Wärmeleistung. Man wird ein Verhältnis von effektiven zu mittleren Gleichstrom von 1,1 anstreben und dafür bei Zweiphasen- und Dreiphasengleichrichtern Glättungsdrosseln verwenden. Allerdings hängt die Größe des überlagerten Wechselstromes auch davon ab, wie die geforderte Stromspannungskennlinie erreicht wird, denn die dazu notwendigen inneren und äußeren Widerstände des Gleichrichters wirken auch wechselstrombegrenzend wie unten gezeigt wird.

Die für die Batterieladung erwünschte Stromspannungskennlinie zeigt schematisch Abb. 95. Es soll mit hohem Anfangsstrom geladen werden bis zur Gasungsgrenze bei 2,2 ÷ 2,4 V je Zelle, dann soll der Strom allmählich herabgesetzt und eine bestimmte Zeit mit etwa $1/3$ des Stromes nachgeladen werden. Es ist erwünscht, daß die Gleichrichter die Ströme abhängig von der steigenden Batteriespannung während des Ladens selbsttätig einstellen.

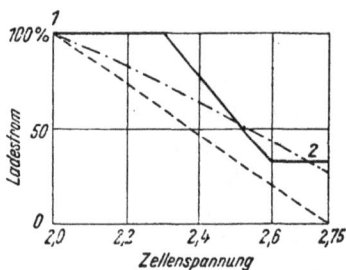

Abb. 95. Stromspannungskennlinie beim Laden eines Akkumulators.

Die einfachste Anordnung, um eine bestimmte Stromspannungskennlinie zu erreichen, ist der ohmsche Widerstand im Gleichstromzweig.

Wir wollen da ein Beispiel betrachten: Es soll eine 40-zellige Batterie geladen werden mit einer Anfangsstromstärke von 37 A:

Lade-vorgang	Zellen-spannung V	Batterie-spannung V	Gleich-richter-spannung V	Wider-stand W	Gleich-strom A	Wechsel-spannung V	Wechsel-strom A
Anfang	2,1	84	110	0,7	37	5	7
Mitte	2,4	96			20	5	7
Ende	2,7	108			3	— [1]	— [1]

[1] Lückenhafter Strom

Im ohmschen Widerstand möge der Verlustwiderstand des Gleichrichters mit berücksichtigt sein, insbesondere beim Trockengleichrichter ist das zu beachten. Der Ladevorgang kann selbsttätig vor sich gehen mittels eines Zeitschalters, der eine bestimmte Zeit nach Erreichung von etwa 2,4 Volt Zellenspannung den Ladestrom abschaltet.

Man kann auch einen regelbaren Widerstand einbauen und von Hand den Strom während des Ladevorganges einstellen.

Es werden sowohl Kleingeräte in Zwei- und Dreiphasenschaltung für Einzelladung, als auch Großanlagen für Mehrfachladung über je einen gesonderten Ladewiderstand ausgeführt.

In Abb. 95 ist die Stromspannungskennlinie des Beispiels gestrichelt eingezeichnet. Wenn man die Gleichrichterspannung und den Widerstand noch heraufsetzt, kann man den Ladestrom am Ende noch erhöhen. Es steigen jedoch die Verluste im Widerstand.

Um die Verluste im ohmschen Widerstand zu vermeiden, kann man bei Geräten für Einzelladung die gewünschte Stromspannungskennlinie auch durch Einfügen von Drosseln in die Anodenleitungen oder in die primäre Netzzuleitung gewinnen. Wir hatten ja im vorigen Abschnitt gesehen, daß Drosseln, die den Anstieg des Kurzschlußstromes begrenzen, der die Ablösung in der Stromführung der Ventile bewirkt, einen Abfall der mittelbaren gleichgerichteten Spannung zur Folge haben. Dieser Vorgang ist verlustlos und wirkt sich nur in der Abnahme des cos φ aus. Wir hatten dabei die vereinfachende Voraussetzung gemacht, daß der Strom durch eine große Kathodendrossel gut geglättet ist und daß sich immer nur zwei Ventile zu gleicher Zeit in der Ablösung befinden. Dadurch gewinnen wir nur den Anfang der Stromspannungskennlinie eines Gleichrichters. Wenn wir die Drossel verhältnismäßig groß machen können wir auch den weiteren Verlauf der Kennlinie bis zum Kurzschluß hier benutzen. Die genaue Bestimmung des Kennlinienverlaufes von Leerlauf bis Kurzschluß mit Berücksichtigung einer Akkumulatorenbatterie im Belastungszweig ist schwierig und wird für die verschiedenen Gleichrichterschaltungen gesondert behandelt. Hier sei nur an einem Beispiel das Charakteristische gezeigt.

Wir sehen in Abb. 96 die Kennlinie eines Sechsphasengleichrichters mit primärseitiger Drossel von Kurzschluß bis Leerlauf bei Batteriebelastung. Aus dieser Kennlinie wählen wir ein geeignetes Stück aus, zwischen den bezeichneten Arbeitspunkten. Die zugehörige Spannungsänderung entspricht dem Ansteigen der Zellenspannung von 2,0 auf 2,7 Volt und einer Stromabnahme von 3 zu 1. Dieser Arbeitsbereich ist in Abb. 95 übertragen als strichpunktierte Linie. Die Abweichung vom zulässigen Strom beim Anfang der Ladung wirkt sich in einer verlänger-
ten Ladedauer aus.

Man kann eine noch bessere Anpassung an die erstrebte Ladekennlinie erreichen, indem man bei Erreichen von 2,4 Volt je Zelle eine zweite Vordrossel einschalten.

Eine ähnliche Belastung wie eine Akkumulatorenbatterie stellt ein Lichtbogen dar, sei es als Bogenlampe, sei es als Schweißlichtbogen. Um hier einen stabilen Betrieb zu erreichen, d. h. den Strom möglichst unab-

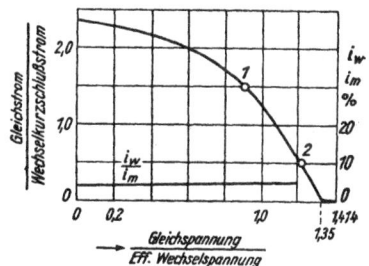

Abb. 96.   Stromspannungskennlinie eines Gleichrichters mit wechselstromseitig vorgeschalteter Drossel.

hängig von Schwankungen der Lichtbogenspannung einzuhalten, muß auch ein Vorwiderstand benutzt werden. Die Gleichung S. 93 zeigt uns, daß bei Gegenspannungsbelastung der Stromwert immer dann, wenn die Differenz zwischen Gleichrichterspannung und Gegenspannung klein ist, sehr abhängig ist von kleinen Schwankungen der Gegenspannung. Man wählt auch hier möglichst eine Drossel als Vorwiderstand und legt den Arbeitspunkt etwa auf den Punkt 1 der Kennlinie in Abb. 96. Man erhält dabei bei einer Spannungsschwankung von $\pm 10\%$ eine Stromschwankung von etwa $\pm 16\%$, was für einen stabilen Betrieb ausreicht.

Die Gegenspannung im Gleichstromzweig kann zu einem bisher nicht behandelten Betriebszustand führen: „Dem lückenhaften Betrieb". Das Ventil in dem Schema nach Abb. 94 besagt, daß der Strom nur in einer Richtung fließen kann. Das bedeutet aber: Um dauernden Stromfluß zu erhalten, muß der Gleichstrom größer sein, als der Wechselstrom; denn wenn zu irgend einem Zeitpunkt der Augenblickswert des Wechselstromes den Gleichstrom übersteigen sollte, würde das Ventil vorher im Nulldurchgang des Stromes löschen. Praktisch sind an Stelle des einen Ventils viele Ventile, die abwechselnd stromführend sind. Das ändert aber an der Bedingung für die Größe des Wechselstromes nichts. Das Lücken des Stromes führt dazu, daß jedes Ventil in seiner Stromführungszeit so begrenzt wird, daß die Ventilströme sich nicht mehr gegenseitig ablösen. Der lückenhafte Betrieb setzt insbesondere dann mit Sicherheit ein, wenn die Gegenspannung größer als die mittelbare gleichgerichtete Spannung ist.

Wir wollen uns das klarmachen am Dreiphasengleichrichter nach Abb. 97. Wir gehen davon aus, daß die Gegenspannung so groß ist, wie der Spitzenwert der Wechselspannung, und lassen die Gegenspannung in Gedanken langsam abnehmen. Zunächst erfolgt keine Zündung der Ventile. Erst wenn die Gegenspannung so gesunken ist, daß die Gegenspannung zuzüglich der Ventilspannung kleiner ist als die höchste Wechselspannung, erfolgt im Schnittpunkt beider Spannungen eine Zündung. Abb. 98 zeigt den entstehenden Ventilstrom bei abnehmender Gegenspannung. Erst wenn die Gegenspannung dauernd unter der früher betrachteten gleichgerichteten Spannung liegt, entsteht ein zusammenhängender

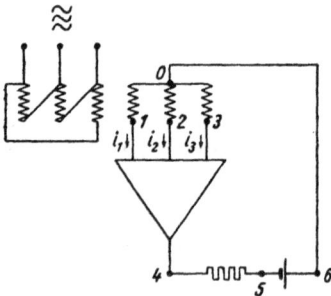

Abb. 97. Dreiphasiger Gleichrichter mit über ohmschem Widerstand angeschlossener Gegenspannung.

Strom im Gleichstromzweig. Vorher zündet der einzelne Ventilstrom beim Schnittpunkt der zugehörigen Wechselspannung mit der Gegenspannung und fließt, solange die Wechselspannung größer ist als die Gegenspannung. Der Strom ist der Differenz beider Spannungen proportional.

Wenn wir die Strombegrenzung mit anodenseitigen oder primärseitigen Drosseln durchführen, setzt der lückenlose Strom schon früher ein. Abb. 99 zeigt den Stromverlauf für diesen Fall bei gleicher Gegenspannung wie in

Abb. 98 oben. Wenn ein Ventil hierbei auch im Schnittpunkt der Wechselspannung mit der Gegenspannung zündet, so löscht es nicht im folgenden Schnittpunkt, sondern infolge der Drosselwirkung wird der Strom aufrechterhalten, bis das Magnetfeld der Drossel wieder abgebaut ist.

Die Stromführungsdauer ergibt sich aus der Gleichheit der in Abb. 99 gestrichelten Flächen. Bei der gezeichneten Gegenspannung wird hier ein lückenloser Strom bereits erreicht, wobei die Gegenspannung gerade gleich der mittleren Gleichrichterspannung ist. Die genaue Bestimmung des Stromes mit weiter abnehmender Gegenspannung ist verwickelt und wird an anderer Stelle gegeben.

Grundsätzlich geht danach jede Gleichrichteranordnung mit Gegenspannung auf „lückenhaften Betrieb" über, mindestens dann, wenn die Gegenspannung größer als die mittlere gleichgerichtete Spannung ist. Naturgemäß ist das Verhältnis von Wechselstrom zu Gleichstrom im lückenhaften Betrieb ungünstig — es ist um so höher, je kleiner die Stromführungsdauer ist — so daß dieser Betrieb möglichst vermieden wird.

Ähnliche Belastungsverhältnisse wie bei der Batterieladung liegen auch bei der Speisung von Gleichstrommotoren vor. Gleichstrommotoren werden einmal verwendet für Industrieantriebe, hier hat sich der Gleichstrommotor gegenüber dem Drehstrommotor infolge seiner guten Regelbarkeit halten können. Es kommt sowohl die Speisung vieler Motoren über eine gemeinsame Sammelschiene vor — dann ist der Gleichrichter meist ungeregelt — oder auch Einzelspeisung besonderer Antriebe — dann ist meist Regelung gefordert. Die Motoren für Industrieantriebe sind Nebenschlußmotoren.

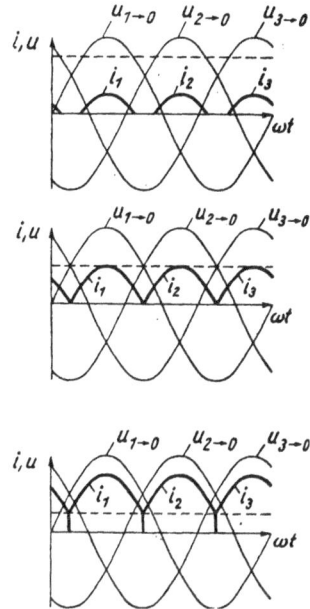

Abb. 98. Der gleichgerichtete Strom bei abnehmender Gegenspannung in der Schaltung nach Abb. 97.

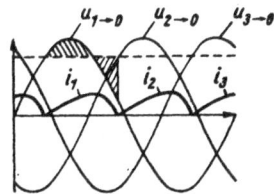

Abb. 99. Stromverlauf bei Beginn lückenlosen gleichgerichteten Stromes in der Schaltung nach Abb. 97 jedoch mit Kathodendrossel.

Gleichstrommotoren werden andererseits verwendet in Stadtschnellbahnen, Gruben- und Industriebahnen. Die Motoren sind hier Hauptstrommotoren. Die innere Spannung des Gleichstromankers kann auch als Gegenspannung aufgefaßt werden, allerdings hat der Anker gleichzeitig einen ohmschen und induktiven Widerstand; bei Hauptstrommotoren kommt noch die Induktivität der Hauptstromfeldwicklung hinzu. Bei ungeregelten drei- und sechsphasigen Gleichrichtern, d. h. bei Industrienetz und Bahnspeisung, ist daher keine

Glättungsdrossel notwendig, da die Ankerkreisinduktivität erfahrungsgemäß zur Glättung des Stromes ausreicht.

Bei geregelten Gleichrichtern für Einzelantrieb dagegen ist eine Glättungsdrossel notwendig, um die durch die Regelung erhöhte Welligkeit der gleichgerichteten Spannung auszugleichen.

Insbesondere bei Einzelspeisung ist im Leerlauf bei hoher Gegenspannung des Motors und geringer Stromaufnahme mit lückenhaftem Betrieb zu rechnen, wobei die Drehzahl ansteigt. Die Drehzahl des Motors ist durch die Ankerspannung bedingt. Im lückenhaften Betrieb wird aber die Ankerspannung nicht durch eine eindeutige gleichgerichtete Spannung festgelegt. Wir haben ja gesehen, wie die Höhe und Breite der Stromimpulse abhängig ist von der Gegenspannung. Es stellt sich dann eine solche Gegenspannung ein, daß gerade Stromaufnahme und Leistungsverbrauch im Einklang mit der Drehzahl sind. Die Gegenspannung bzw. Ankerspannung kann bei sehr kleinem notwendigen Strom im Grenzfall bis zum Spitzenwert der Wechselspannung ansteigen. Das bedeutet beispielsweise beim Dreiphasengleichrichter eine höchst mögliche Erhöhung der Drehzahl nach dem Leerlauf im Verhältnis 1,17 : 1,41, d. h. im Verhältnis der mittleren gleichgerichteten Spannung bei lückenlosem Betrieb zum Spitzenwert der Wechselspannung. Bei Gitterregulierung liegen die Verhältnisse weit ungünstiger, weil die Spannung von einem stärker geregelten Sollwert unter Umständen auf den Spitzenwert der Wechselspannung ansteigt. Will man das ausschließen, so muß die Glättungsdrossel so groß gemacht werden, daß der überlagerte Wechselstrom in seinem Spitzenwert immer kleiner ist als der Leerlaufgleichstrom. Dann ist lückenloser Betrieb immer gewährleistet.

Beim *Einschalten* von Gleichstrommotoren ist mit hohen Einschaltströmen zu rechnen, die durch eine Glättungsdrossel wesentlich herabgesetzt werden können.

Die Abwärtsregelung der Spannung bei Nebenschlußmotoren mit konstanter Felderregung bedeutet eine Abnahme der Drehzahl. Auf der Drehstromseite geht der Leistungsfaktor verhältnisgleich zurück. Für die Felderregung muß in diesem Falle ein fremdes Netz oder ein eigenes Gefäß zur Verfügung stehen. Eine Feldwicklung stellt einen ohmschen Widerstand mit großer Glättungsdrossel dar und nimmt daher einen geglätteten Strom auf. Zur Erhöhung des Regelbereiches kann auch die Spannung für die Felderregung regelbar sein anstelle der üblichen Regelung mit Widerstand.

Der Zusammenhang von Drehzahl, Drehmoment und Ankerstrom ist bei den verschiedenen Antrieben sehr verschieden.

Die Bahnanlagen umfassen das Gebiet der mittleren bis größten Leistungen. Es wurden kleine Anlagen zur Speisung von Ausläuferstrecken von Straßenbahnen für einige 100 A mit Glasgleichrichtern und pumpenlosen Kleineisengleichrichtern ausgerüstet. Andererseits gibt es große Anlagen mit mehreren Großgleichrichtern für viele 1000 A zum Speisen von Stadtschnellbahnen und Gleichstromvollbahnen.

Die größten Anlagen mit Großgleichrichtern sind aber die zur industriellen Großelektrolyse: Aluminiumelektrolyse und Chlorelektrolyse. Um hohen Wirkungsgrad zu erzielen, arbeitet man hier mit Spannungen von 300 bis 800 Volt, denn je höher die Spannung, desto weniger fällt der Spannungsabfall des Gefäßes ins Gewicht. Das bedingt eine entsprechende Reihenschaltung der elektrolytischen Bäder. Diese Bäder stellen eine Belastung dar, ähnlich der eines Akkumulators. Die innere Polarisationsspannung wirkt als eine Gegenspannung. Jedoch werden die Anlagen großer Leistung mindestens sechsphasig ausgeführt (meist in Doppeldreiphasenschaltung) und der überlagerte Wechselstrom wird praktisch durch die induktiven Widerstände der Verbindungsleitungen zu den Bädern genügend geglättet.

Die der Gleichrichterspannung überlagerte Wechselspannung bildet unabhängig vom Gleichstrom einen bestimmten Prozentsatz der gleichgerichteten Spannung und die Induktivität der Zuleitungen hat auch unabhängig vom Strom einen bestimmten Wert. Daher hat auch der überlagerte Wechselstrom einen bestimmten Wert unabhängig vom Gleichstrom und daher kann man überschläglich sagen, daß mit steigendem Gleichstrom der überlagerte Wechselstrom verhältnismäßig immer mehr zurücktritt. Es sind keinerlei schädliche Wirkungen des überlagerten Wechselstromes auf die Elektrolysen beobachtet worden.

Bei hohen Leistungen je Anlage, die einen wesentlichen Teil der Belastung der speisenden Drehstromnetze bilden können, taucht die Frage nach der Rückwirkung auf diese Netze auf. Die primärseitigen Oberschwingungen können Spannungsabfälle an den inneren Widerständen der Generatoren und der Netze verursachen, die zu einer Verzerrung der Netzspannung führen. Um dies zu vermeiden, macht man folgendes: Da die Anlagen für große Stromstärken die Aufteilung des Stromes auf viele Gefäße verlangt, so teilt man auch die Transformatorleistung auf, beispielsweise auf je zwei Gefäße, und schaltet die entstehende Gruppe parallel. Dadurch hat man nun die Möglichkeit, die Primärströme so gegeneinander in der Phase zu verschieben, daß die Oberschwingungen sich teilweise aufheben. Das wird erreicht, durch Zickzackschaltung der Primärwicklungen oder durch sogenannte Schwenktransformatoren, die den Primärwicklungen eine Zusatzspannung geben, so daß die Ströme des einen Transformators beispielsweise um 15^0, die des anderen um — 15^0 elektrisch verschoben dem Netz entnommen werden.

Gerade bei diesen Großanlagen zeigt sich die betriebliche Überlegenheit des Ventilgleichrichters gegenüber dem Einankerumformer. Nach Störung — sei es Ausbleiben der Netzspannung oder Abschaltungen nach Kurzschlüssen — ist der Gleichrichter immer sofort wieder betriebsbereit. Die Einankerumformer müssen dagegen wieder synchronisiert werden, was bei vielen parallel geschalteten Maschinen längere Zeit in Anspruch nimmt. Kurzzeitiges Wiedereinschalten nach Störungen ist aber für den Elektrolysebetrieb besonders wichtig. Daneben stehen noch die allgemeinen Vorteile des Ventilgleichrichters hinsichtlich Wirkungsgrad, Wartung, Materialaufwand, Fortfall der Fundamente usw.

C. DIE WIRKUNGSWEISE DER WECHSELRICHTER UND UMRICHTER

9. Der fremderregte Wechselrichter

Über einen Gleichrichter wird aus einem Drehstromnetz Energie in ein Gleich-stromnetz geliefert oder einem Gleichstromverbraucher zugeführt. Es liegen nun Aufgaben vor, wo es erwünscht ist, die Energierichtung umzukehren und aus einem Gleichstromnetz in ein Wechselstromnetz hineinzuspeisen. Z. B. sollen bei großen Industrieantrieben oder Bahnen die Gleichstrommotoren abgebremst werden unter Rückgewinnung der Energie bzw. Rückspeisung ins Drehstromnetz, oder bei der Energieübertragung mit hochgespanntem Gleichstrom, soll über die Gleichstromleitung ins Drehstromnetz gespeist werden. Bei diesen Beispielen handelt es sich um Hineinspeisen in ein vor-handenes Drehstromnetz, das von Drehstromgeneratoren gespeist wird. Man spricht dann vom fremderregten Wechselrichter und meint damit, daß die Spannungskurve des Drehstromnetzes vorgegeben ist.

Demgegenüber steht ein Wechselrichter, der allein ein Wechselstromnetz speist und diesem Netz die Spannungskurve vorschreibt; man spricht dann vom selbsterregten Wechselrichter. Es handelt sich dabei z. B. um die Speisung eines Wechselstromverbrauchers aus dem Gleichstromnetz.

Wir betrachten in diesem Abschnitt den fremderregten Wechselrichter. Wir gehen dazu aus von den Abb. 54 und 55, die uns die gleichgerichtete Spannung des mehrphasigen geregelten Gleichrichters zeigten. Praktisch kommt der Übergang auf Wechselrichterbetrieb nur für den mehrphasigen Gleichrichter in Frage.

Nehmen wir mal an, wir laden nach Abb. 100 aus einem Dreiphasengleichrichter über eine Glättungsdrossel eine Akkumulatorenbatterie auf und wollten nun die Batterie wieder entladen. Dann müssen wir eine Möglichkeit schaf-fen, für den Strom in umgekehrter Richtung. Wenn der Akkumulator über einen Motorgenerator geladen wird, genügte eine Herabsetzung der Generatorspannung unter die Akku-mulatorenspannung. Es kehrt sich dann die Stromrichtung um und der Akkumulator speist den Gene-rator als Motor. Der Ventilgleich-richter ist aber an eine eindeutige Stromrichtung gebunden. Daher müssen wir hier, wie Abb. 101 veranschaulicht, Ventile für die umgekehrte Stromrichtung ein-schalten.

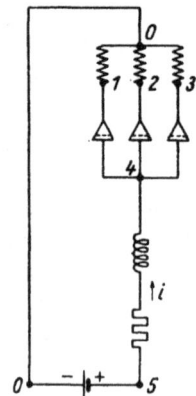

Abb. 100. Dreiphasiger Ventilgleichrichter mit Glättungsdrossel und Belastung durch Gegen-gleichspannung.

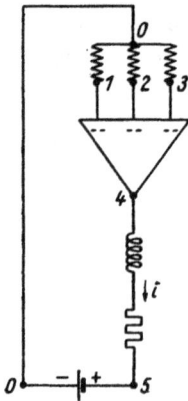

Abb. 101. Schaltbild des dreiphasigen Wechsel-richters im Anschluß über Glättungsdrossel an eine Gleichspannung.

Natürlich bleibt die Bedingung bestehen, daß die mittlere gleichgerichtete Spannung unter die Akkumulatorenspannung abgesenkt wird. Das geschieht mittels Gitterregulierung, wie uns Abb. 102 zeigt. Dabei ist vor allem eins zu beachten: Als Spannung vor Einsetzen der Zündung liegt an jedem Ventil die Differenz der zugehörigen Trafo-Phasenspannung mit der des noch stromführenden Ventiles. Diese Spannung muß positiv sein. So kann beispielsweise das 2. Ventil des Gleichrichters in Abb. 101 nur dann das erste ablösen, wenn u_{2-0} größer als u_{1-0} geworden ist. Das ist in Abb. 102 oben ab $\omega t = 150^0$ der Fall.

Wenn wir nun die Stromrichtung der Ventile umkehren nach Abb. 101, so muß die Zündung des zweiten Ventiles vor dem Zeitpunkt $\omega t = 150^0$ liegen, denn nur vor diesem ist die Differenz $u_{2-0} - u_{1-0}$ negativ, d. h. aber im Sinne des Ventiles für umgekehrte Stromrichtung positiv. Wir müssen also bei Wechselrichterbetrieb den Zündzeitpunkt der Ventile für umgekehrte Stromrichtung mittels Gitterregelung *vorverlegen*, um eine Zündung zu ermöglichen. Wir kommen dadurch zu einer gleichgerichteten Spannung nach Abb. 102 an zweiter Stelle. Die Zündverfrühung ist mit γ bezeichnet. Dadurch wird zugleich eine Absenkung der mittleren gleichgerichteten Spannung bewirkt, die mit steigender Zündverfrühung zunimmt, wie Abb. 102 weiter unten zeigt. Bei $\gamma = 90^0$ ist die mittlere gleichgerichtete Spannung wieder Null. Wechselrichterbetrieb kann grundsätzlich nur mit regelbaren Ventilen durchgeführt werden.

Abb. 102. Gleichgerichtete Spannung des Wechselrichters nach Abb. 101 bei steigender Zündverfrühung γ.

Es werden außerdem besondere Bedingungen an die Steuerspannung gestellt, was wir uns an Hand von Abb. 103 klarmachen wollen. Wir sehen hier zu den gleichgerichteten Spannungen in Abb. 102 den Verlauf der Spannung am zweiten Ventil bei steigender Zündverfrühung. Das ist im Schaltschema Abb. 101 die Spannung

$$u_{4-2} = u_{4-0} - u_{2-0}$$

d. h. die gleichgerichtete Spannung abzüglich der zugehörigen Phasenspannung. Dabei ist die Durchlaßrichtung der Ventile zu beachten. Wenn wir diese Differenz in Abb. 102 b, c und d verfolgen, erhalten wir Abb. 103 b, c und d.

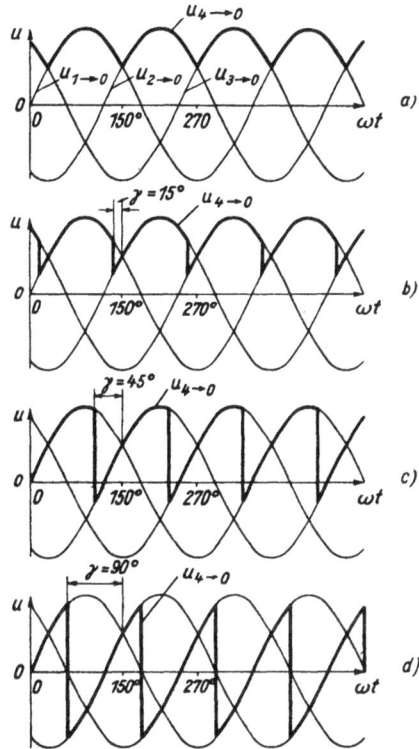

Es zeigt sich, daß die Ventilspannung vorwiegend im Positiven verläuft. Das Ventil zündet bei $\omega t = 150^0 - \gamma$. Dann liegt am Ventil die Brennspannung, die hier vernachlässigt ist. Bei $\omega t = 150^0 - \gamma + 120^0 = 270^0 - \gamma$ löscht das Ventil, die Spannung springt ins Negative, um bei $\omega t = 270^0$ wieder positiv zu werden.

Diese Eigenart des Spannungsverlaufes am Ventil ist ein zweiter Grund, warum bei Wechselrichterbetrieb grundsätzlich gesteuert werden muß. Der Zeitbereich negativer Spannung stimmt mit der Zündverfrühung γ überein und diese muß so groß gewählt werden, daß dieser Bereich ausreicht, damit das Ventil zu Beginn positiver Spannung wieder sperrfähig wird. Im Bereiche negativer Spannung muß das Ventil, wie man sagt, entionisiert werden, d. h. die Leitfähigkeit muß verschwinden durch Wiedervereinigung der positiven und negativen Ladungsträger. Das ergibt die Forderung einer Mindestzündverfrühung γ. Wir sehen in Abb. 103 b, c und d, wie mit steigender Zündverfrühung der Bereich negativer Spannung wächst.

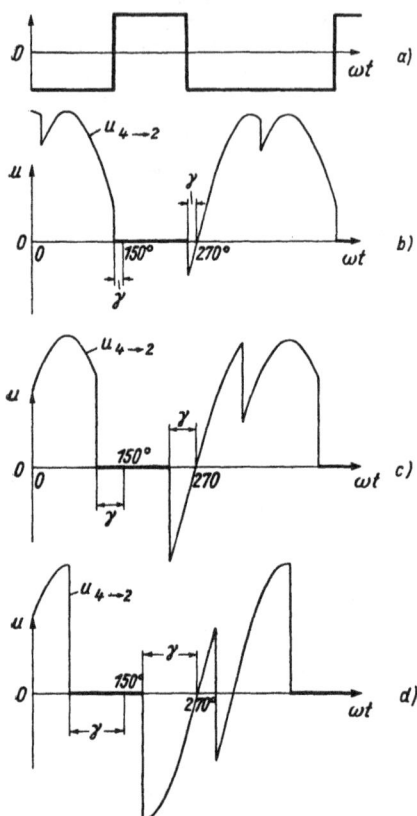

Abb. 103. Der Verlauf der Ventilspannung des Wechselrichters bei steigender Zündverfrühung. Oben der Verlauf der Gitterspannung, der zur Ventilspannung darunter gehört.

Dieser charakteristische Verlauf der Ventilspannung schränkt auch die Breite der positiven Gitterspannung ein. Die Gitterspannung muß mindestens vor Beginn positiver Ventilspannung wieder negativ sein. Somit ergibt sich ein Gitterspannungsverlauf, wie er in Abb. 103 a schematisch gezeichnet ist. Die Gitterspannung springt im Zündzeitpunkt von der negativen Sperrspannung auf die Zündspannung und geht am Ende der Stromführungsdauer wieder auf die Sperrspannung zurück. Dann ist gewährleistet, daß zu Beginn positiver Spannung die Sperrspannung am Gitter liegt.

Bei Festlegung der Mindestzündverfrühung muß schließlich noch beachtet werden, daß die Brenndauer durch den Ablösungsvorgang vergrößert wird. Auf der Drehstromnetzseite wirkt sich steigende Zündverfrühung im Wechselrichterbetrieb genau wie Zündverzögerung im Gleichrichterbetrieb durch steigende induktive Last aus. Das sei an Hand von Abb. 104 veranschaulicht. Wir sehen oben den Primärstrom eines Doppeldreiphasengleichrichters mit großer Kathodendrossel in seiner Lage zur zugehörigen Phasenspannung. Beim Übergang auf Wechselrichterbetrieb wird die Stromrichtung umgekehrt und die Zündverfrühung γ eingestellt. Das zeigt Bild 104b. Mit steigender Zündverfrühung rückt der Netzstrom immer weiter vor, wie die Abb. 104c und d angeben. Wenn wir uns die Grundwelle des Netzstromes im Vektordiagramm darstellen, erhalten wir die Abb. 104 rechts. Der Stromvektor wird beim Übergang von Gleichrichter auf Wechselrichterbetrieb nahezu umgeklappt, Abb. 104b rechts. Dann sehen wir an den Abb. 104c und d, wie die steigende Voreilung zu einer steigenden induktiven Blindkomponente des Stromes führt.

Es erübrigt sich, die gleichen Verhältnisse für die verschiedenen Schaltungen zu verfolgen, da sich grundsätzlich das Gleiche zeigt.

Wir haben bisher den Übergang auf Wechselrichterbetrieb durch Einschalten von Einzelgefäßen für umgekehrte Stromrichtung betrachtet. Es können ebensogut nach Abb. 105 die Anschlüsse zwischen Gleichrichter und Verbraucher vertauscht werden, dadurch bleibt im Gleichrichter die Stromrichtung erhalten, im Verbraucher kehrt sie sich um. Diese Umkehrung bei gleichbleibender Spannung bringt auch die gewünschte Umkehr der Energierichtung für den Verbraucher. Beim Gleichrichter muß dagegen zum gleichen Zweck die Spannung umgekehrt werden, da ja die Strom-

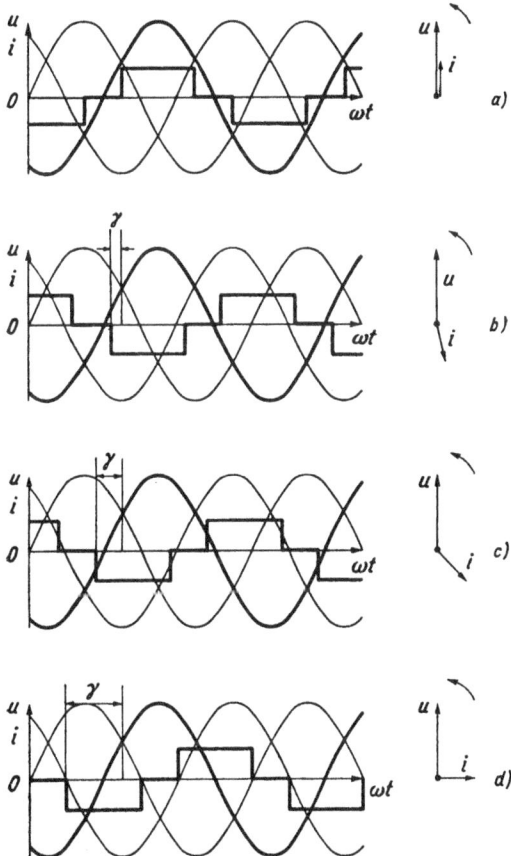

Abb. 104. Primärstrom eines Doppeldreiphasen-Wechselrichters bei steigender Zündverfrühung im Vergleich zu dem des Gleichrichters oben.

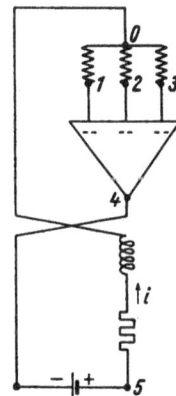

Abb. 105. Schaltbild des dreiphasigen Wechselrichters mit mehranodigem Ventil. Umkehr der Stromrichtung im Belastungszweig im Vergleich zu Abb. 100 durch Wechsel der Anschlüsse.

richtung bleibt; wie das geschieht mit Hilfe der Steuerung, zeigt Abb. 106.
Wir können dazu an Abb. 55 unten anknüpfen. Hier sagten wir, daß bei
einer Zündverzögerung von $\alpha = 90^0$ die mittlere gleichgerichtete Spannung
Null wird. Dieser Spannungsverlauf ist in Abb. 106 oben wiederholt.

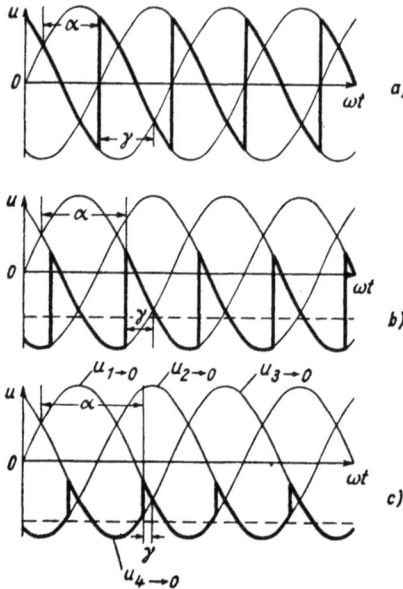

Wenn wir die Zündverzögerung weiter-
treiben über 90^0 hinaus, so wird nach
Abb. 106b und c die mittlere gleichgerichtete Spannung negativ. Im Gleichrichterbetrieb ist das nicht möglich, da
der Strom vorher Null werden würde.
Nach Wechsel der Anschlüsse aber
treibt die Verbraucherspannung u_{5-4}
den Strom in der gleichen Richtung
durch den Gleichrichter, entgegen der
negativen gleichgerichteten Spannung.
Die Zündverzögerung kann theoretisch
bis auf 180^0 gesteigert werden; praktisch
muß sie kleiner als 180^0 bleiben aus
Gründen der Entionisierung der Ventile. Es gelten nämlich hier die gleichen
Überlegungen, wie an Hand von Abb.
102 durchgeführt. Der Verlauf der
Spannung stimmt mit dem nach Abb.
102d, c und b überein, nur im Negativen
liegend. Dafür ist aber auch die Stromrichtung beibehalten, während sie für
Abb. 102 negativ ist. Wir können

Abb. 106. Verlauf der gleichgerichteten
Spannung des Wechselrichters nach Abb.105
im Anschluß an die des Gleichrichters nach
Abb. 55 mit steigender Zündverzögerung
bzw. abnehmender Zündverfrühung.

auch hier sinngemäß eine Zündverfrühung einführen, wie in Abb. 106 eingezeichnet.

Wenn wir die Abb. 102 mit Abb. 55 vergleichen, dann sehen wir, daß die
Wechselrichterspannung das Spiegelbild der Gleichrichterspannung ist,
wenn die Zündverzögerung α mit der Zündverfrühung γ übereinstimmt.
Somit kann man alle Untersuchungen über die mittlere gleichgerichtete
Spannung und die überlagerte Wechselspannung sinngemäß auf die Wechsel-
richterspannung übertragen.

Im Gegensatz zum Gleichrichter führt aber die Berücksichtigung des Umschaltvorganges der Ventile zu einer *Erhöhung* der mittleren Wechselrichterspannung, so daß das Gleichrichter-Wechselrichter-Spannungs-Spiegelbild-
Gesetz allgemeiner lautet: *Die Wechselrichterspannung mit der Zündverfrühung γ und der Umschaltzeit ü verläuft spiegelbildlich wie die Gleichrichterspannung der gleichen Schaltung mit einer Zündverzögerung $\alpha = \gamma - ü$ bei
gleichem Strom i_m.* Diese gleichwertige Zündverzögerung stimmt überein
mit der beim Wechselrichter wichtigen Entionisierungszeit δ:

$$\delta = \gamma - ü.$$

Dieses Gesetz ermöglicht uns, die auf S. 68 gegebene Gleichung für die Umschaltzeit $\ddot{u}$ auch auf die Wechselrichterspannung anzuwenden, indem aus:

$$\ddot{u} = -\alpha + \arccos\left[\cos\alpha - \frac{i_m \cdot 2\,\omega L}{\sqrt{2}\,u_{1-2e}}\right],$$

hier wird:

$$\ddot{u} = -\delta + \arccos\left[\cos\delta - \frac{i_m \cdot 2\,\omega L}{\sqrt{2}\,u_{1-2e}}\right]$$

oder mit $\delta + \ddot{u} = \gamma$:

$$\gamma = \arccos\left[\cos\delta - \frac{i_m \cdot 2\,\omega L}{\sqrt{2}\,u_{1-2e}}\right]$$

und schließlich für die Entionisierungszeit δ:

$$\delta = \arccos\left[\cos\gamma + \frac{i_m \cdot 2\,\omega L}{\sqrt{2}\,u_{1-2e}}\right],$$

womit dann auch $\ddot{u} = \gamma - \delta$ gegeben ist. Die genaue Berechnung von δ ist
für den Wechselrichter von entscheidender Bedeutung, da ein Minimalwert,
$\delta_{\min}$, nicht unterschritten werden darf und daher für γ auch ein Minimalwert gilt:

$$\gamma_{\min} = \arccos\left[\cos\delta_{\min} - \frac{i_m\, 2\,\omega L}{\sqrt{2}\,u_{1-2e}}\right]$$

$\delta_{\min}$ wird für das verwendete Ventil vorgeschrieben. (Kippgrenze des Wechsel-
richters!)
Im Gleichrichterbetrieb nach Abb. 100 muß die mittlere gleichgerichtete
Spannung größer sein als die Verbraucherspannung, damit ein Strom zustande
kommt:
$$(u_{4-0})_m > (u_{5-0})_m.$$
Dann gilt für den Strom:

$$i_m = \frac{(u_{4-0})_m - (u_{5-0})_m}{R}.\qquad \text{(Vgl. S. 93)}$$

Im Wechselrichterbetrieb nach Abb. 101 und 105 muß umgekehrt die gleichgerichtete Spannung kleiner sein als die Verbraucherspannung, damit ein
Strom fließen kann:

$$(u_{4-0})_m < (u_{5-0})_m \quad \text{bzw.} \quad (u_{0-4})_m < (u_{5-4})_m$$

Es gilt für die Ströme:

$$i_m = \frac{(u_{5-0})_m - (u_{4-0})_m}{R}\qquad \text{Abb. 101}$$

$$i_m = \frac{(u_{5-4})_m - (u_{0-4})_m}{R}.\qquad \text{Abb. 105}$$

Der Wechsel der Anschlüsse zeigt sich in der zweiten für Abb. 105 geltenden
Gleichung in der Umkehr des Index für die gleichgerichtete Spannung.
Wenn mit dem gleichen Strom im Wechselrichterbetrieb rückgearbeitet
werden soll, muß die mittlere gleichgerichtete Spannung um $2 \cdot i_m R$ kleiner
sein als im Gleichrichterbetrieb bei gleicher Verbraucherspannung. Man muß

also, wenn man im Wechselrichterbetrieb rückarbeiten will, die gleichgerichtete Spannung entsprechend herabsetzen. Das geschieht am besten durch entsprechende Herabsetzung der Wechselspannung mit Anzapfungen am Transformator und Einstellung der Zündverfrühung auf den höchstzulässigen Wert, um die Blindleistung klein zu halten.

Wenn ein Gleichstromnebenschlußmotor abgebremst werden soll, dann kann auch die Felderregung erhöht werden, so daß die gleichgerichtete Spannung nur entsprechend der notwendigen Zündverfrühung herabgesetzt zu werden braucht.

In dem Maße, wie dann die Drehzahl des Motors zurückgeht und damit die Spannung, wird die gleichgerichtete Spannung verringert durch steigende Zündverfrühung. Schließlich kehrt die gleichgerichtete Spannung ihre Polarität wieder um, so daß wieder Gleichrichterbetrieb einsetzt und der Motor seine Drehrichtung umkehrt. Das wird beispielsweise bei elektrischen Umkehrwalzenstraßen oder anderen Umkehrantrieben angewandt.

Bei Hauptstrommotoren muß beim Rückarbeiten im Wechselrichterbetrieb die sonst vom Hauptstrom durchflossene Feldwicklung an eine gesonderte Spannung gelegt werden. Man hat dazu beispielsweise auf elektrischen Triebwagen Motorgeneratoren, die die Fahrdrahtspannung in eine für die Feldwicklung geeignete kleine Spannung umformen. In dieser Form ist eine Nutzbremsung elektrischer Bahnen bei Talfahrten möglich.

Ein großes Anwendungsgebiet besteht dem netzerregten Wechselrichter noch bevor: Das ist die Fernübertragung elektrischer Energie mittels hochgespanntem Gleichstrom. Hierzu muß im Prinzip am Anfang der Fernleitung ein Gleichrichter verwendet werden, der den vom Generator gelieferten Wechselstrom in hochgespannten Gleichstrom umformt. Am Ende wird dann dieser Gleichstrom von einem Wechselrichter in Wechselstrom bzw. Drehstrom umgeformt, und in ein Drehstromnetz geschickt, dessen Spannungsverlauf durch andere Drehstromerzeuger oder Phasenschieber bestimmt wird.

10. Der selbsterregte Wechselrichter

Der netzerregte Wechselrichterbetrieb des vorigen Abschnittes ist eigentlich nur eine sinngemäße Erweiterung des Gleichrichterbetriebes mit Regelung. Dieser Betrieb ist aber nur möglich, im Zusammenhang mit einem Drehstromnetz, in das Energie geschickt werden kann.

Wenn wir nun von den Grundformen der Gleichrichtung ausgehen nach Abb. 4, so kommen wir bei Umkehrung der Verhältnisse zum selbsterregten Wechselrichter in der Form nach Abb. 107. Wir gehen hier von einer Gleichspannung u_{6-5} aus, die einerseits am Verbindungspunkt zweier Transformatorwicklungen liegt, anderseits an eine Bürste führt. Wir denken uns diese Bürste auf einem zweiteiligen Kollektor umlaufend, dessen Segmente mit den anderen Enden der Transformatorwicklungen verbunden sind. Beim Umlauf der Bürste wird ersichtlich, die Gleichspannung einmal in der einen Richtung — Plus an 3 — und einmal in der anderen Richtung — Plus an 4 — an den Transformator gelegt. Da die beiden Wicklungen 3—0 und 4—0 miteinander verkettet sind, so bedeutet dieser Vorgang, daß am Transformator eine rechteckige Wechselspannung entsteht, die an der Sekundärwicklung abgenommen werden kann. Sie ist in Abb. 107 rechts mit u_{1-2} angedeutet. Der Wechselspannungsverlauf ist aus der Anordnung selbst heraus bestimmt, daher spricht man vom selbsterregten Wechselrichter.

Beim Gleichrichter konnte man ohne Schwierigkeit Bürste und zweiteiligen Kollektor durch Ventile ersetzen, deren natürliche Zünd- und Löschbedingungen die gleichen Stromführungszeiten wie die Laufzeiten der Bürsten auf den ent-

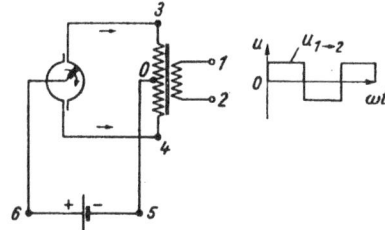

Abb. 107. Grundschaltung zur einphasigen Wechselrichtung mit Kontakten.

sprechenden Segmenten ergab. Wenn man hier das gleiche tun wollte und Kollektor und Bürste durch Ventile ersetzen würde, kommt man zu Abb. 108. Die Schaltung ist aber in dieser Form nicht betriebsfähig. Zunächst müssen die Ventile für Wechselrichterbetrieb grundsätzlich gesteuert sein, was auch in Abb. 108 angenommen ist. Wenn jetzt beispielsweise S_1 gezündet würde, so läge die Gleichspannung an 3—0 und das andere Ventil S_2 hätte die doppelte Spannung $u_{3-4} = 2\,u_{3-0}$ zu sperren. Nach einer Halbperiode müßte S_2 gezündet werden. Die Zündung führt aber nicht zur Löschung von S_1. Eine sichere Löschung ist immer dadurch charakterisiert, daß nach erfolgter Löschung an dem gelöschten Ventil negative Spannung liegt. Wenn hier S_1 gelöscht werden könnte, würde an S_1 sofort wieder die doppelte Spannung der Gleichspannungsquelle in positiver Richtung erscheinen. S_1 würde also sofort wieder zünden, d. h. es kommt überhaupt nicht zur Löschung. Beide Ventile führen gleichzeitig Strom und es kommt zu einem Kurzschluß der Gleichspannungsquelle, indem der Kurzschlußgleichstrom sich auf S_1 und S_2, bzw. auf beide Hälf-

Abb. 108. Unmögliche Grundspaltungzur Wechselrichtung auf Ventilen.

ten der Transformatorwicklung aufteilt. Die Schaltung ist also in dieser einfachen Form nicht betriebsfähig.

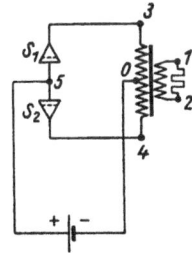

Durch Einfügen eines Kondensators zwischen 3 und 4 und einer Drossel im Gleichstromzweig erreicht man die für die Löschung der Ventile notwendigen Bedingungen. Bei Stromführung des Ventiles S_1 wird der Kondensator auf der am Punkte 3 angeschlossenen Seite positiv aufgeladen. Bei Zündung von S_2 behält der Kondensator diese Aufladung zunächst bei. Er gibt einen Entladestromstoß ab entgegen der Stromrichtung von S_1 und in Richtung von S_2, der zur Löschung von S_1 führt. Nach erfolgter Löschung ist die Spannung an S_1 noch solange negativ, bis der Kondensator umgeladen ist. Den Unterschied der Spannungen u_{5-0} und u_{6-0}, die zunächst umgekehrte Polarität haben, nimmt die Drossel auf.

Es entsteht ein Spannungsverlauf am Ventil, u_{5-3}, und eine Wechselspannung u_{1-2} nach Abb. 109 rechts. Diese ist nicht mehr rechteckig, sondern zeigt die charakteristischen Aufladekurven von Kondensatoren.

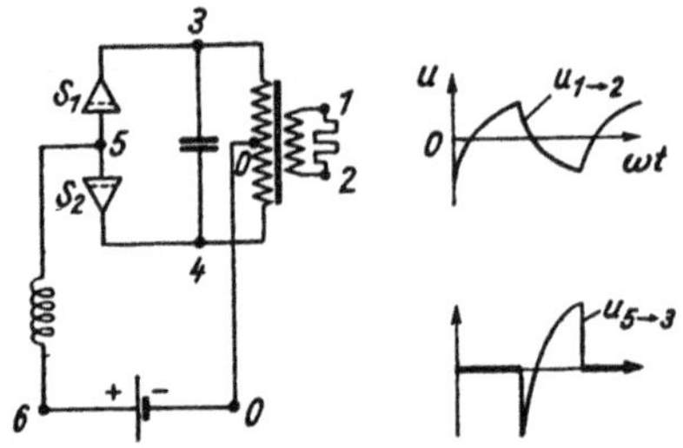

Abb. 109. Grundschaltung zur einphasigen Wechselrichtung mit Ventilen. Rechts Verlauf der Wechselspannung und der Ventilspannung.

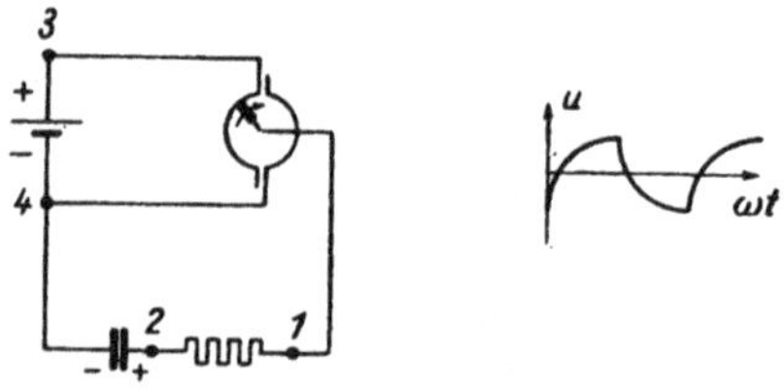

Abb. 110. Grundschaltung zur einphasigen Wechselrichtung nach dem Prinzip der Kondensator-Auf- und -Entladung.

Die Wechselrichtung kann noch nach einem anderen Prinzip erfolgen, das an Hand von Abb. 110, 111 und 112 kurz behandelt sei. Wenn man einen Kondensator über einen Widerstand periodisch auf- und wieder entlädt, wie in Abb. 110 gezeigt, so stellt sich am Kondensator eine Spannung ein, deren Mittelwert gleich der halben Quellenspannung ist. Am Widerstand ensteht ein reiner Wechselstrom, d. h. der Kondensator wird mit der gleichen Elektrizitätsmenge aufgeladen, wie er entladen wird. Die Kondensatorspannung steigt eben solange an, bis das der Fall ist. Der Gleichspannungsquelle wird aber hierbei immer nur in einer Halbwelle Strom entnommen.

Das läßt sich vermeiden, indem man zwei Kondensatoren verwendet nach Abb. 111, die immer abwechselnd in der einen oder anderen Richtung umgeladen werden.

Wenn man hier wieder Bürste und Kollektor durch Ventile ersetzen will, entstehen die gleichen Schwierigkeiten bezüglich der Löschung. Das erkennen wir aus Abb. 112. Wenn S_1 zündet, um S_2 in der Stromführung abzulösen, so erscheint an S_2 sofort die volle Spannung u_{3-4} in positiver Richtung, wenn wir die Drossel uns zunächst fortdenken, so daß die Löschung unmöglich ist. Hierzu fügt man nun eine Drossel mit Mittelabgriff in den Zweig. Dann entsteht bei Zündung von S_1 eine Spannung an der Drossel u_{5-1}, und zwar so, daß 5 positiv gegenüber 1 wird. Diese Spannung überträgt sich auf die andere Drosselhälfte, so daß der Punkt 5 jetzt eine höhere positive Spannung gegen-

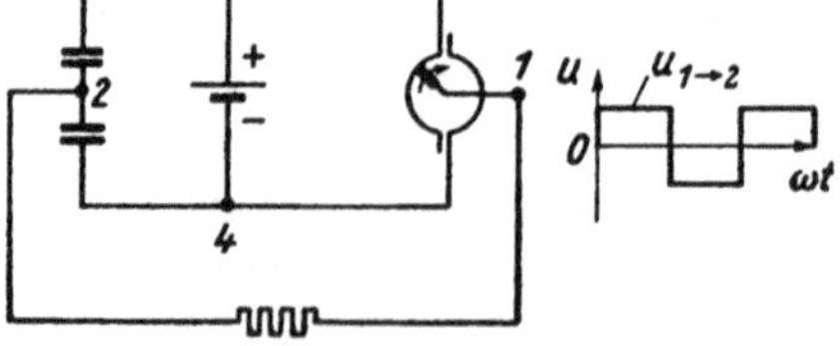

Abb. 111. Grundschaltung zur einphasigen Wechselrichtung nach dem Prinzip der wechselseitigen Auf- und Entladung zweier Kondensatoren.

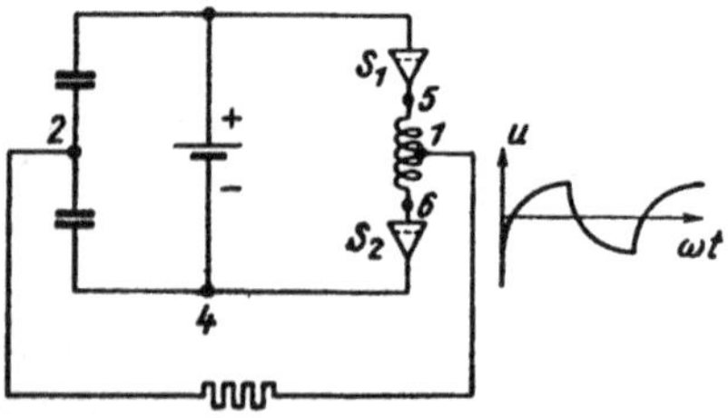

Abb. 112. Schaltbild zur einphasigen Wechselrichtung mit Ventilen nach dem Prinzip der wechselseitigen Kondensatorladung. Rechts: Wechselspannungsverlauf.

über 4 hat, als 3. Das bedeutet die notwendige negative Spannung an S_1 nach der Löschung. Diese Spannung verschwindet allmählich in dem Maße, wie die Kondensatoren umgeladen werden. Der Strom, der über S_1 vor der Löschung geflossen ist, wird von S_2 in gleicher Höhe übernommen; dabei ändert sich die Erregung der Drossel nicht, so daß dieser Stromübergang kurzzeitig möglich ist.

Da bei dieser Wechselrichterart die beiden Ventile in Reihe liegen bezüglich den Anschlüssen 3 und 4 der Gleichspannungsquelle, spricht man hier vom Reihenwechselrichter. Dagegen heißt die andere Schaltung Parallelwechselrichter, weil hier die Gefäße parallel an dem einen Anschluß der Gleichspannungsquelle liegen.

Die Steuerung der Ventile bei beiden Wechselrichterarten kann entweder von einer fremden Spannungsquelle erfolgen, man spricht dann vom fremdgesteuerten Wechselrichter, oder der Steuerkreis hängt an der gebildeten Wechselspannung — dann ist der Wechselrichter selbstgesteuert. Die Frequenz kann dabei von der üblichen Wechselstromfrequenz abweichen. Der Steuerkreis muß so ausgebildet werden, daß die Steuerspannung der gebildeten Wechselspannung nacheilt.

Beim Ventilgleichrichter ist die Löschung und Sperrung auf natürliche Weise gegeben. Die einzige Bedingung ist hier, daß der Gleichrichter nicht überlastet ist und die durch die Schaltung vorbestimmte Sperrspannung aushält. Beim Wechselrichter besteht immer die Gefahr, daß durch Versagen der Steuerung oder der Sperrung eine Zündung beider Ventile einsetzt und ein Kurzschluß der Gleichspannungsquelle eintritt. Die Schwierigkeit wächst mit der Frequenz, man spricht da vom „Kippen" des Wechselrichters.

Daher hat sich der selbsterregte Wechselrichter in dieser Form nur für Sonderzwecke durchgesetzt bis zu Frequenzen von einigen Tausend Hertz.

11. Der Umrichter

a) Der Umrichter mit Gleichstromzwischenkreis

Der selbsterregte Wechselrichter bildet eine Wechselspannung beliebiger Frequenz aus einer Gleichspannung. Das wird praktisch nur für kleine Leistungen Anwendung finden. Es bestehen aber auch Anwendungsgebiete, wo große Leistungen mit einer von der üblichen Netzfrequenz abweichenden Frequenz verlangt werden. Hier wird man anstreben, unmittelbar aus den Drehstromnetzspannungen die Wechselspannung der gewünschten Frequenz zu bilden. Wir denken da vornehmlich an die Versorgung von elektrischen Induktionsöfen mit Mittelfrequenz-Wechselstrom bis zu einigen tausend Hertz und an die Versorgung der Wechselstrombahnen mit Niederfrequenz-Wechselstrom von $16^2/_3$ Hertz.

Diese Aufgaben erfüllt der Umrichter. Es gibt zwei Umrichterarten. Das eine ist der Umrichter mit Gleichstromzwischenkreis, das andere der direkte Umrichter.

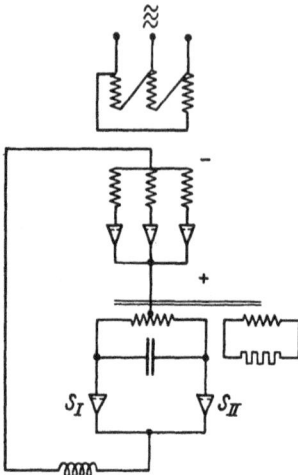

Abb. 113. Schaltbild zur Dreh-
strom-Wechselstrom-Frequenz-
umformung mit Gleichstromzwischenkreis nach dem Prinzip
der Reihenschaltung von Gleichrichter und Wechselrichter.

Der Umrichter mit Gleichstromzwischenkreis ist eigentlich nur eine Erweiterung des selbsterregten Wechselrichters nach Abb. 109. Will man den Wechselrichter ans Drehstromnetz anschließen, dann kann man zuerst daran denken, ihn an einen Gleichrichter anzuschließen, wie es Abb. 113 zeigt. Es ist hier beim Wechselrichter nur gegenüber Abb. 109 die Stromrichtung geändert, was aber für die Wirkungsweise ohne Bedeutung ist. Es ist oben ein Dreiphasen-Gleichrichter gezeichnet, der die Gleichspannung für den Wechselrichter liefert.

Der nächste Schritt führt dann dazu, die Ventile für Gleichrichtung und Wechselrichtung zusammenzufassen, indem man nach Abb. 114 den Gleichrichterteil in zwei Gruppen aufteilt, die jede einen vollständigen Gleichrichter darstellt, und die abwechselnd arbeiten, wie die ursprünglichen Wechselrichterventile S_I und S_{II}.

Jede Gruppe wird gemeinsam gesteuert. Die Gleichspannung wird abwechselnd geliefert von dem einen oder anderen Gleichrichter, je nachdem, welche Seite des Wechselrichtertransformators gerade an Spannung gelegt werden soll. Die Gleichrichter brauchen daher nicht dreiphasig sein, sondern es kann jede beliebige der beschriebenen Gleichrichterschaltungen benutzt werden.

Die Zusammenfassung von Gleichrichter und Wechselrichterteil kann ebenso wie durch Aufteilung des Gleichrichtertransformators auch durch Aufteilung des Wechselrichtertransformators durchgeführt werden, was uns Abb. 115 veranschaulicht. Hier ist die primäre Wicklung des Wechselrichtertransformators aufgeteilt auf die drei Zweige des Gleichrichtertransformators. Jede dieser Wicklungen arbeitet solange, als die zugehörige Gleichrichtertransformatorwicklung stromführend ist; die einzelnen Wicklungen lösen sich in der Arbeitsweise ab, wie die ursprünglichen Ventile des Gleichrichtertransformators in Abb. 113. Die Abbildung zeigt die Verwendung eines Mehrventilgefäßes, eines mehranodigen Stromrichters; auch in der Anordnung nach Abb. 114 könnte ein Mehrfachventil benutzt werden.

Besondere Überlegungen erfordert die Durchbildung der Steuerung derartiger Anordnungen; jedes Ventil muß so gesteuert werden, daß sowohl seine Stromführungszeit in seiner Gleichrichterfunktion als

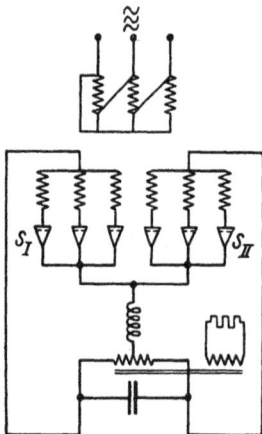

Abb. 114. Schaltbild zur
Drehstrom-Wechselstrom-
Frequenzumformung mit se-
kundär aufgeteiltem Dreh-
stromtransformator.

auch seine Stromführungszeit in seiner Wechselrichterfunktion beachtet wird. Das geschieht durch Überlagerung zweier Steuerspannungen. Darauf wird an anderer Stelle näher eingegangen.

Welche der Anordnungen man wählt, hängt von der Frequenz der gebildeten Wechselspannung ab. Ist diese beispielsweise $16^2/_3$ Hz für die Speisung von elektrischen Fernbahnen, so wird der Wechselrichtertransformator dafür verhältnismäßig groß und da ist es dann zweckmäßig, den 50 Hz-Gleichrichtertransformator zu unterteilen nach Abb. 114. Handelt es sich andererseits um einen Umrichter für höhere Frequenz der gebildeten Wechselspannung, beispielsweise zur Speisung von Induktionsöfen, so wird der

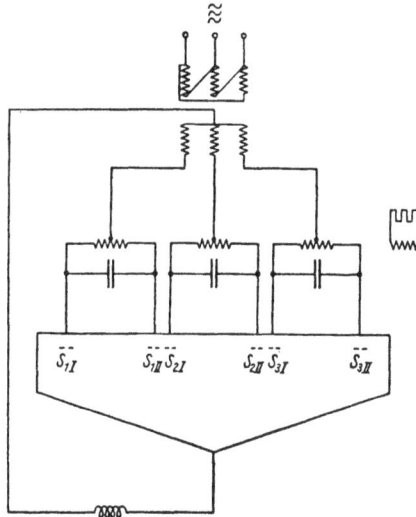

Abb. 115. Schaltbild zur Drehstrom-Wechselstrom-Umformung mit aufgeteiltem Wechselstromtransformator.

Wechselrichtertransformator relativ klein, und es ist zweckmäßig, diesen zu unterteilen nach Abb. 115.

Da im Gleichstromzweig in diesen Anordnungen eine Drossel enthalten ist — wir haben ihre Bedeutung beim selbsterregten Wechselrichter erkannt — so wird dem Gleichrichterteil ein geglätteter Gleichstrom entnommen. Das führt dazu, daß auf der Drehstromseite der Stromverlauf wie bei normalen Gleichrichteranlagen ist.

b) Der direkte Umrichter für Niederfrequenz

Der Umrichter mit Gleichstromzwischenkreis ist nur eine enge Verbindung von Gleichrichter und selbsterregtem Wechselrichter. Die Wechselspannung wird im Grunde genommen, wie wir gesehen haben, aus einer im Takte der gewünschten Frequenz umgeschalteten Gleichspannung abgeleitet.

Wir können aber nun genau so, wie wir beim Mehrphasengleichrichter eine Gleichspannung direkt aus Abschnitten phasenverschobener Wechselspannung eines Drehstromtransformators gebildet haben, auch eine Wechselspannung irgendeiner gewünschten Frequenz aus Abschnitten von phasenverschobenen Wechselspannungen bilden. Damit hätten wir dann einen direkten Umrichter. Um dies zu verstehen, soll im Anschluß an die Grundform des sechsphasigen Gleichrichters in Abb. 8 die Entstehung einer Wechselspannung gezeigt werden. Diese Anordnung ist in Abb. 116 nochmals wiederholt.

Wenn die Bürste B in dieser Anordnung synchron so umläuft, daß sie immer während der Kuppen der Wechselspannung in Breite von 60^0 auf dem zugehörigen Segment läuft, so entsteht die gleichgerichtete Spannung des Sechsphasengleichrichters.

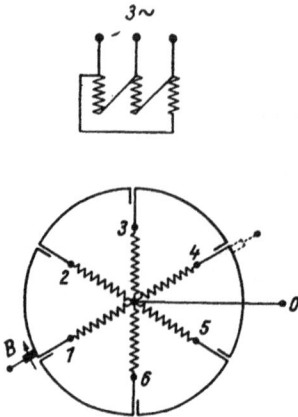

Abb. 116. Grundschaltung zur unmittelbaren Drehstrom-Wechselstrom-Frequenzumformung.

Wenn aber nun die Bürste langsamer oder schneller als synchron umläuft, ergeben sich fortlaufend andere Abschnitte aus den sinusförmigen Wechselspannungen, die sich zu einer niederfrequenten Wechselspannung zusammensetzen lassen.

Wir werden im Folgenden sehen, daß dieses Prinzip nur für Niederfrequenz anwendbar ist und wählen als wichtiges Beispiel die Bildung einer Einphasenspannung von $16^2/_3$ Hertz für Bahnspeisung.

Wir denken uns in Abb. 116 die Bürste mit $^2/_3$ der synchronen Drehzahl umlaufend; dann ist der Ausschnitt aus den Phasenspannungen, der zwischen B und 0 jeweilig auftritt, nicht mehr 60⁰ elektrisch breit, wie bei synchroner

Drehzahl, sondern im umgekehrten Verhältnis der Drehzahlabsenkung größer, d. h. $60^0 \cdot 3/2 = 90^0$. Was dann für ein Spannungsverlauf zwischen Bürste und Sternpunkt des Transformators entsteht, zeigt Abb. 117 oben. Wir sehen, wie sich der 90⁰ breite Ausschnitt aus der Sinuskurve von Umschaltung zu Umschaltung gewissermaßen über die Sinuskurve verschiebt und dadurch ein Verlauf der gerichteten Spannung entsteht, der die Einphasenspannung von $^1/_3$ der ursprünglichen Frequenz erkennen läßt. Die Spannung hat zwar erhebliche Oberschwingungen, diese können aber durch Erhöhung der Phasenzahl der Transformatorspannung herabgesetzt werden. Für die Betrachtung des Grundprinzipes der Umrichtung ist das nicht von Bedeutung.

Wenn wir andererseits die Bürste B schneller umlaufen lassen, als der synchronen Drehzahl entspricht, so wird der jeweilige Ausschnitt aus der einzelnen Sinusspannung kleiner als 60⁰ elektrisch und es entsteht wieder eine Wechselspannung als gerichtete Spannung. So zeigt uns Abb. 117 unten den Verlauf

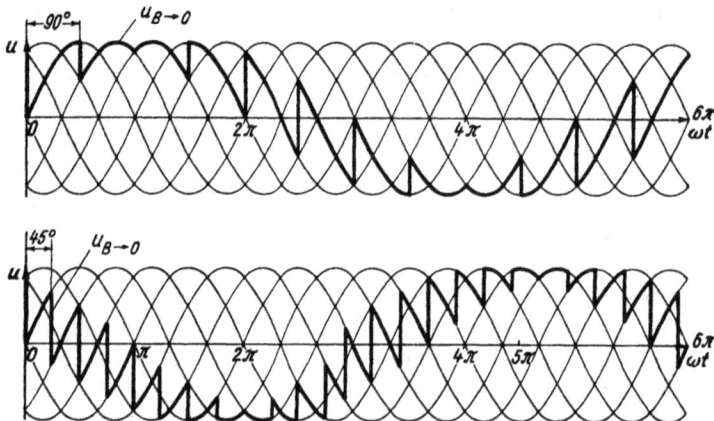

Abb. 117. Verlauf der gebildeten Einphasenspannung in der Schaltung nach Abb. 116. Oben: bei untersynchronem Bürstenlauf. Unten: bei übersynchronem Bürstenlauf.

dieser Spannung für eine Bürstendrehzahl von $^4/_3$ der synchronen. Die Breite des · Ausschnittes ist dann im umgekehrten Verhältnis kleiner, d. h. $60^0 \cdot 3/4 = 45^0$. Das Ergebnis ist wieder eine wellige Spannung von $^1/_3$ der Netzfrequenz.

Wenn wir zwischen Bürste und Nullpunkt des Transformators einen ohmschen Widerstand legen würden, ergäbe sich ein der Spannung proportionaler Strom auf der Einphasenseite; oder bei einer induktiv ohmschen Belastung, wie sie ein Bahnmotor darstellt, ergibt sich ein nacheilender Strom. Durch den induktiven Anteil der Belastung werden außerdem im Strom die Oberschwingungen der Spannung unterdrückt.

Wir haben in Abb. 117 die Konstruktion der Einphasenspannung mit dem Nulldurchgang der ersten Phasenspannung begonnen. Wir können auch jeden anderen beliebigen Anfangszeitpunkt wählen und würden dann eine andere zeitliche Lage der Einphasenspannung gegenüber dem Drehstromnetz gewinnen. Diese Grundform der Frequenzwandlung finden wir unmittelbar wieder bei der Hintermaschine für Drehzahl geregelte Drehstrommotoren. Die Grundform ist ja nicht an eine Einphasenspannung von $^1/_3$ Netzfrequenz gebunden. Allgemein zeigt Abb. 118 den Zusammenhang zwischen den Frequenzen. Dabei ist mit f_1 die Drehstromnetzfrequenz bezeichnet, mit f_2 die Umlaufsfrequenz der Bürsten und mit f_3 die gebildete Frequenz. Bei synchronem Lauf, $f_2 = f_1 = 50$ Hz, ist die Frequenz f_3 Null, d. h. es wird Gleichspannung gebildet. Bei Stillstand der Bürste $f_2 = 0$, wird eine feste Spannung mit der Netzfrequenz abgenommen, $f_3 = f_1 = 50$ Hz. Man sieht aus der Abb. 118, daß sowohl bei untersynchronen Lauf, $f_2 < 50$ Hz, als auch bei übersynchronem Lauf $f_2 > 50$ Hz eine Spannung der Frequenz zwischen 0 Hz und 50 Hz gebildet wird, wie auch schon die Abb. 117 am Beispiel zeigt.

Allgemein gilt:

$$f_3 = (f_2 - f_1) \text{ bzw. } (f_1 - f_2).$$

Dieses Verhalten der Frequenzwandlung ermöglicht eine Anwendung zur Weiterleitung der Schlupfleistung von Drehstrommotoren an das Netz zurück. Die Frequenzwandlung geschieht dabei nach dem Vorbild der Grundform in einer umlaufenden Maschine, deren Anordnung schematisch Abb. 119 und 120 zeigt. In Abb. 119 bedeutet A den Drehstrommotor, den wir der Einfachheit halber zweipolig annehmen. Er wird vom Netz mit der Frequenz f_1

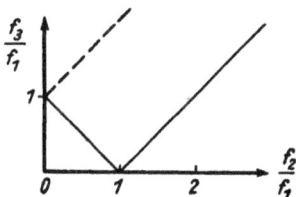

Abb. 118. Kennlinie für die gebildete Einphasenfrequenz f_3 in Abhängigkeit von der Umlauffrequenz der Bürsten in Abb. 116.

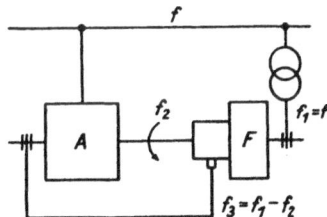

Abb. 119. Umlaufender Frequenzwandler rechts zur Drehzahlregelung eines Drehstrommotors links.

gespeist. Seine Drehzahl entspricht der Frequenz f_2 und dem Anker wird an den Schleifringen eine Spannung mit der Frequenz $f_3 = (f_1 - f_2)$ entnommen, die wir den Bürsten des Frequenzwandlers F zuführen. Diesem wird andererseits über einen Regeltransformator vom Netz eine Spannung mit der Frequenz f_1 zugeführt, die gewandelt wird in eine Spannung ebenfalls der Frequenz $f_1 - f_2$ an den Bürsten des Kollektors und die Gegenspannung zur Speisung des Ankers des Drehstrommotors bildet.

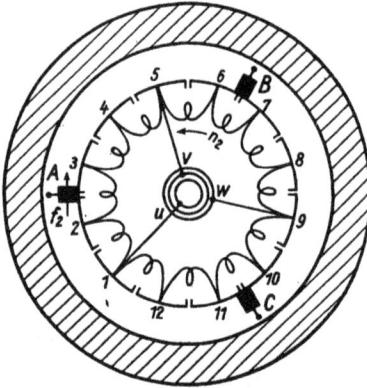

Abb. 120. Prinzipschaltbild des umlaufenden Frequenzwandlers.

Wie das geschieht, zeigt im Prinzip Abb. 120. Der Frequenzwandler in dieser Form ist in der Wirkungsweise ein umlaufender Transformator, bei dem Primär- und Sekundärwicklung zusammenfallen. Es wird ihm über die Schleifringe eine Drehstromspannung zugeführt. Der Ständer ist unbewickelt und dient nur dem magnetischen Drehfeld des Läufers als Rückschluß. Das Drehfeld hat gegenüber dem Anker die der zugeführten Frequenz entsprechende synchrone Drehzahl. Die magnetische Achse dieses Feldes bewegt sich in Abb. 120 rechts herum gegenüber dem Anker. Der Anker selbst bewegt sich links herum mit einer Drehzahl entsprechend f_2, die kleiner als f_1 ist. Daher bewegt sich auch die magnetische Achse gegenüber dem wicklungslosen Ständer. Vergleichen wir dieses Bild mit dem Wirkungsbild des Einankerumformers nach Abb. 17, so finden wir zum Unterschied dort nur ausgeprägte Pole im Ständer. Der Einankerumformer kann als Sonderfall des Frequenzwandlers aufgefaßt werden. Bei synchroner Drehzahl steht die magnetische Achse im Raum still, der magnetische Fluß kann durch die ausgeprägten Pole N und S Rückschluß finden. Ja die zusätzliche Fremderregung der Pole kann noch die Stromaufnahme drehstromseitig, wie wir gesehen haben, beeinflussen.

Beim Frequenzwandler kann allgemein die Drehzahl von der synchronen abweichen und daher sind hier ausgeprägte Pole nicht anwendbar. Ebenso wie nun der Einankerumformer in seiner Wirkungsweise durch die Grundform der Gleichrichtung in Abb. 8 und deren Spannung nach Abb. 10 erfaßt werden kann, nur daß die Phasenzahl größer ist, kann auch der Frequenzwandler im Anschluß an die Grundform in Abb. 116 und deren Spannung in Abb. 117 verstanden werden.

Wenn wir uns in Abb. 116 die Spannungen nicht zwischen Bürste und Nullpunkt, sondern zwischen gegenüberliegenden Bürsten abgenommen denken, so ändert das nichts an der Wirkungsweise. Wenn die Phasenzahl vergrößert wird, dann verschwinden die Oberschwingungen in der abgebildeten Spannung immer mehr. Schließlich kann die Spannung nicht von zwei gegenüberliegenden Bürsten, sondern von drei um 120° verschobenen Bürsten abgenommen werden,

wodurch man eine dreiphasige Spannung auf der frequenzgewandelten
Seite erhält. Damit bekommen wir Übereinstimmung mit dem Wirkungsbild 120.

Bei Verwendung des Frequenzwandlers in der Anordnung nach Abb. 119 muß
noch beachtet werden, daß die Spannung an den Schleifringen des Drehstrommotors nicht nur in der Frequenz von der Drehzahl abhängig ist,
sondern auch in der Größe. Da andererseits zwischen der Eingangsspannung
und Ausgangsspannung des Frequenzwandlers ungefähr Gleichheit besteht, so
muß dieser über einen Regeltransformator an das Drehstromnetz angeschlossen werden. Die am Regeltransformator eingestellte Spannung bestimmt
dann die am Frequenzwandler in den Läuferkreis des Drehstrommotors eingefügte Spannung und dieser fällt in der Drehzahl soweit ab, bis etwa
die gleiche Spannung zuzüglich der Verlustspannung im Läuferkreis erreicht
ist. Dabei stellt sich sozusagen selbsttätig durch die Kupplung der Achsen
die Frequenzgleichheit der Spannung an den Schleifringen des Drehstrommotors und an den Bürsten auf dem Kollektor des Frequenzwandlers ein.
Die richtige Phasenlage der Frequenzwandlerspannung gegenüber der Läufer-
spannung wird durch Bürstenverschiebung eingestellt.

Praktisch kommt der Frequenzwandler in dieser Form nur für kleine Leistungen
in Frage. Insbesondere für die Bahnstromversorgung mit $16^2/_3$ Hz werden
Maschinensätze mit Motor und Generator verwandt. Der Grund dafür liegt
in den Schwierigkeiten, die Stromwendung auf dem Kollektor zu beherrschen.
Ähnliche Verhältnisse wie hier für den Frequenzwandler geschildert, treten
bei allen Drehstromkommutatormaschinen auf.

Es sei hier nur auf den Drehstromkommutatormotor hingewiesen. Sein
Wirkschaltbild zeigt uns Abb. 121 und Abb. 122 das Anschlußschaltbild.
Hier ist eine Abweichung von der Grundform Abb. 116 und dem Frequenzwandler Abb. 120 insofern, als die Frequenz der inneren Ankerspannung
hier auch drehzahlabhängig ist. Beim Frequenzwandler wird diese durch die
den Schleifringen zugeführte Netzfre-
quenz bestimmt, hier aber wird sie
induziert, dadurch, daß der Anker im
Drehfeld des Ständers läuft, der seinerseits am Netz hängt.

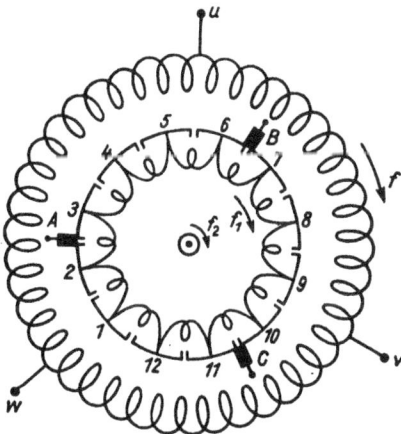

Abb. 121. Prinzipschaltbild des Drehstromkollektormotors.

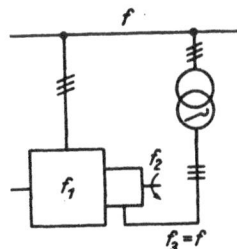

Abb. 122. Anschlußschema des
Drehstromkollektormotors.

8*

Ordnen wir wieder der Drehzahl die Frequenz f_2 zu, so wird die Ankerfrequenz $f_1 = f - f_2$, wobei f die dem Ständer zugeführte Netzfrequenz ist.

Wenn wir die den Frequenzen entsprechenden Pfeile der Drehfelder in Abb. 121 beachten, so sehen wir, daß in diesem Falle die Umlaufrichtung des Ankers und der Drehfelder übereinstimmen. Daraus folgt, daß die Bürstenbewegung in diesem Falle entgegen der Drehfeldbewegung des Ankers erfolgt. Dabei gilt für die Frequenz an den Bürsten:

$$f_3 = f_1 + f_2$$

In Abb. 118 gilt für diesen Fall die gestrichelte Gerade. Mit der obigen Beziehung zu f ergibt sich daraus $f_3 = f$, d. h. also die Frequenz der zwischen den Bürsten gebildeten Spannung ist bei allen Drehzahlen gleich der Netzfrequenz. Wenn die Änderung der Drehzahl eine Änderung der gebildeten Frequenz bringen würde, so wird diese dadurch aufgehoben, daß sich zugleich die innere Ankerfrequenz mitändert. Da immer an den Bürsten die Netzfrequenz entsteht, so besteht die Möglichkeit, die Bürsten über einen Transformator wieder ans Netz anzuschließen, wie in Abb. 122 gezeigt. Es muß aber ein regelbarer Transformator sein, weil die Höhe der Spannung ebenfalls drehzahlabhängig ist.

Es seien die Verhältnisse noch an einem Beispiel veranschaulicht. Ein Kommutatoranker läuft mit $^2/_3$ der synchronen Drehzahl:

$$f_2 = {}^2/_3 \, f.$$

Synchrone Drehzahl heißt hier im Sinne des Umlaufes des Drehfeldes im Ständer entsprechend der Netzfrequenz f. Im Läufer entstehen dann Spannungen mit der Frequenz:

$$f_1 = f - f_2 = {}^1/_3 \, f.$$

Die Ankerwicklung sei der Einfachheit halber zwölfphasig angenommen. Die zwölf Spannungen sind in Abb. 123 wiedergegeben, die zwischen aufeinanderfolgenden Bürsten abgegriffen werden können. Durch die Bewegung der Bürste auf dem Stromwender tritt eine Umschaltung auf die jeweilig voreilende Spannung ein, da ja die Bürstenbewegung zur Drehfeldbewegung gegenläufig ist. Jede Bürste bleibt nur $^1/_{24}$ der Periodendauer entsprechend der Frequenz f_1

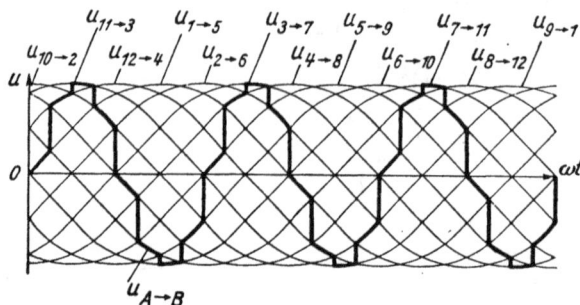

Abb. 123. Bildung des Spannungsverlaufes an den Bürsten des Drehstromkollektormotors.

der Ankerspannung auf einem Segment und dann erfolgt die Umschaltung.
So entsteht die stark ausgezogene Spannung in Abb. 123 als Bürstenspannung
u_{A-B} und in gleicher Weise nur phasenverschoben für u_{B-C} und u_{C-A}. Wir
sehen, daß diese Spannung die Frequenz von $3 f_1$ und damit wieder die Netzfrequenz f hat.

Praktisch verschwinden durch viel höhere Lamellenzahl die Treppen in der
Spannungskurve.

Das Beispiel zeigt uns die auch bei Drehstrom-Stromwendermaschinen auf-
tretende Frequenzwandlung, die nicht direkt nach außen in Erscheinung tritt.
Die Schwierigkeiten der Stromwendung des umlaufenden Frequenzwandlers
nach dem Vorbild der Grundform in Abb. 116 wird überwunden beim Frequenzwandler mit Ventilen, dem Umrichter. Wir betrachten diesen hier wieder
in der einzig praktisch wichtigen Form zur Bildung einer Einphasenspannung
von $1/_3$ Netzfrequenz.

Wir haben gesehen, daß die Frequenzwandlung in der Grundform zwei Möglichkeiten zuläßt; den untersynchronen und den übersynchronen Betrieb.
Es fragt sich nun, welchen von diesen wir beim Umrichter verwirklichen
können. Es wird sich zeigen, daß beim Umrichter beide Betriebsarten wieder-
kehren.

Die Bürste in der Grundform ist an keine Stromrichtung gebunden, sie kann
von jedem Segment Strom in jeder Richtung abnehmen. Bei beliebiger
Phasenlage der Einphasenspannung kommt auch jede Richtung vor. Es
müssen daher nach Abb. 124 an jede Transformatorwicklung Ventile für beide
Stromrichtungen angeschlosssen werden. Wir können dann sagen, die einen
führen die positive Halbwelle, die anderen die negative. In Abb. 125 ist die
Gruppe für positive Stromrichtung gesondert gezeichnet. Da nun die Phasenlage des Stromes gegenüber der Span-
nung beliebig sein kann, so muß es
möglich sein, mit dieser Gruppe sowohl die positive wie die negative
Halbwelle der *Spannung* zu bilden.

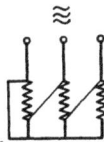

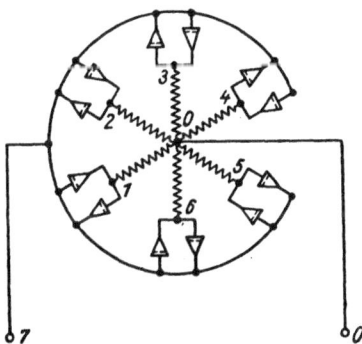

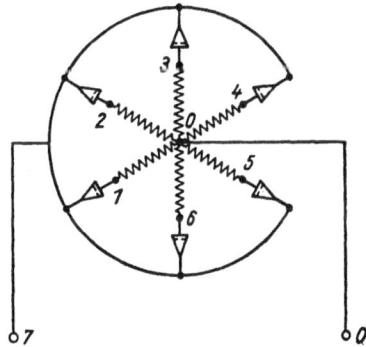

Abb. 124. Prinzipschaltbild der Drehstrom-
Wechselstrom-Frequenzumformung mit Ventilen.

Abb. 125. Teilschaltbild aus Abb. 124
für positive Stromrichtung.

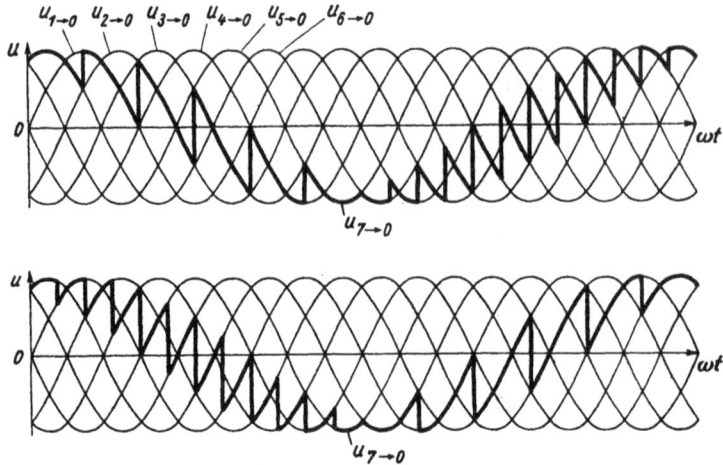

Abb. 126. Bildung des einphasigen Spannungsverlaufes beim Frequenzwandler nach Abb. 124.
Oben: bei positiver Stromrichtung. Unten: bei negativer Stromrichtung.

Wir haben nun gesehen, daß für positive Stromrichtung eine Übernahme
des Stromes auf ein in der Reihenfolge folgendes Ventil nur dann möglich
ist, wenn die Differenz der zugehörigen Phasenspannung mit der des abzu-
lösenden Ventils positiv ist. Wenn wir uns daraufhin Abb. 117 ansehen, so
finden wir: Bei untersynchronem Betrieb, Abb. 117 oben, ist die Differenz
der Phasenspannungen nur von ca. $\omega t = \pi$ bis $\omega t = 4\pi$ positiv, was man
an den Sprungstellen in der gebildeten Bürstenspannung feststellen kann.
Wenn wir daraufhin den übersynchronen Betrieb betrachten, Abb. 117 unten,
so ergibt sich eine positive Spannungsdifferenz von ca. $\omega t = 2\pi$ bis $\omega t = 5\pi$.
Wir sehen nun, daß der Einphasenspannungsverlauf in beiden Bereichen sich
gerade ergänzt, und zwar können wir den abfallenden Teil der Einphasenspannung vom positiven Höchstwert zum negativen Höchstwert nach dem
Vorbild des untersynchronen Betriebs bilden und den ansteigenden Teil vom
negativen Höchstwert zum positiven Höchstwert nach dem Vorbild des übersynchronen Betriebes bilden. Das Ergebnis in Abb. 126 oben zeigt an, wie
die Einphasenspannung bei positiver Strom-
richtung gebildet werden *könnte*. Welcher
Teil dieses Spannungsverlaufes dann tatsächlich in Anspruch genommen wird, das
hängt von der Lage der positiven Halbwelle
des Stromes gegenüber der Spannung ab.

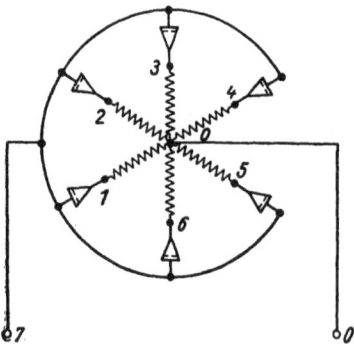

Abb. 127. Teilschaltbild aus Abb. 124
für negative Stromrichtung.

Die gleichen Überlegungen können wir für
die Gruppe der Ventile anstellen, über die
die negative Halbwelle des Einphasenstromes
fließen kann. Diese ist in Abb. 127 gesondert gezeichnet und die dazugehörige Spannung in Abb. 126 unten. Hier ist darauf zu
achten, daß im Zündzeitpunkt die Span-

nungsdifferenz immer negativ ist zwischen aufeinanderfolgenden, an der Spannungsbildung beteiligten Phasenspannungen. Daher muß auch hier die Spannung t teilweise nach dem Vorbild des unter synchronen, teilweise nach dem des übersynchronen gebildet werden. Wir sehen an Abb. 117 oben, daß bei untersynchronem Betrieb zwischen $\omega t = 0$ und $\omega t = \pi$ bzw. $\omega t = 4\pi$ und $\omega t = 6\pi$ die Spannungsdifferenz negativ ist, und an Abb. 117 unten, daß dieser Bereich von $\omega t = 0$ bis 2π und von $\omega t = 5\pi$ bis 6π reicht. So wird die der negativen Halbwelle zugeordnete Spannung in Abb. 126 unten im ansteigenden Teil nach dem Vorbild des untersynchronen Betriebes und im abfallenden Teil nach dem Vorbild des übersynchronen Betriebes gebildet.

Diese Betriebsweise beider Ventilgruppen wird gesichert durch die Gitterspannungen. Die Gitterspannungen der Gruppe für positive Stromrichtung muß so beschaffen sein, daß sie nur im Bereich positiver Differenzspannung einen Zündimpuls auf das Gitter gibt. In Abb. 128 sind zwei aufeinanderfolgende Phasenspannungen gesondert aufgezeichnet. Die beiden Spannungen schneiden sich in den Punkten S_1, S_2 und S_3.

Zwischen den zu S_1 und S_2 gehörenden Punkten ist die Spannungsdifferenz positiv und daher muß der Zündzeitpunkt für die Gruppe positiver Stromrichtung in diesem Bereich liegen. Und in der Tat zeigt uns Abb. 126 oben, daß der Zündzeitpunkt von S_1 ausgehend vorrückt nach S_2 und dann wieder auf S_1 zurückgeht. Das wird erreicht durch Zusammensetzung der

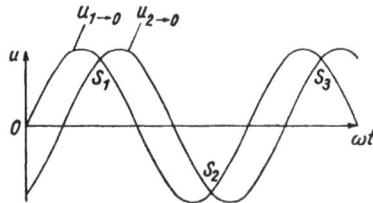

Abb. 128. Aufeinanderfolgende Phasenspannungen in der Schaltung nach Abb. 124.

Gitterspannung aus einem Anteil gleicher Frequenz, wie die Phasenspannungen und einem Anteil gleicher Frequenz wie die zu bildende Einphasenspannung. Darauf wird an anderer Stelle näher eingegangen. Für die Gruppe negativer Stromrichtung gilt sinngemäß der Bereich zwischen S_2 und S_3, wie Abb. 126 unten erkennen läßt. Die Bestimmung der drehstromseitigen Ströme ist recht schwierig; die einzelnen sekundären Zweige führen Ausschnitte aus dem Einphasenstrom.

Die Betrachtung der primärseitigen Ströme ergibt, daß die Blindleistung hier gleich und sogar größer als die auf der Einphasenseite angeforderte ist. Das ist verhältnismäßig ungünstig, denn bei der höheren Frequenz sollte die Blindleistung entsprechend kleiner sein. Der Grund dafür liegt in folgendem: Der Sekundärstrom wird den einzelnen Transformatorzweigen in ganz verschiedenen Zeitabschnitten der Sinuskurve entnommen beispielsweise für die positive Halbwelle in dem oben bezeichneten Bereich zwischen S_1 und S_2 und wir haben schon beim geregelten Gleichrichter gesehen, daß eine Stromentnahme außerhalb des Bereiches der Kuppen der Sinuskurve immer mit Blindleistung verbunden ist. Man hat daher versucht, auch für den Umrichter möglichst eine Stromentnahme im Bereich der Kuppe der Sinusspannung zu erreichen. Das gelingt durch Abstufung der Transformatorspannungen, angepaßt dem

Verlauf der Einphasenspannung. Allerdings nimmt man dabei den Nachteil in Kauf, was von vornherein gesagt werden muß, daß die Einphasenspannung dann in ihrer Lage zu den Drehstromspannungen festliegt. Man spricht vom Hüllkurvenumrichter im Gegensatz zum Steuerumrichter (besser gesagt Regelumrichter) wie oben beschrieben.

Die Anordnung stimmt mit Abb. 124 überein, nur daß die in der Phase aufeinanderfolgenden Transformatorwicklungen Spannungen nach Abb. 129 aufweisen, deren stark hervorgehobene Begrenzungslinie die Einphasenspannung zeigt. Die einzelnen zur Einphasenspannungsbildung herangezogenen Span-

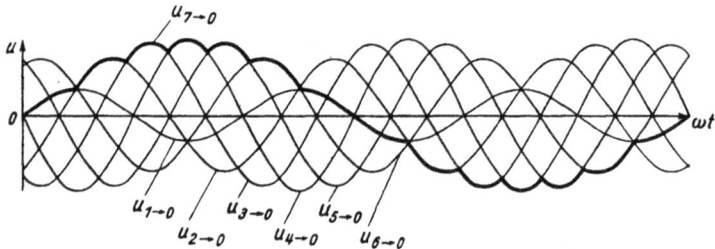

Abb. 129. Bildung des einphasigen Spannungsverlaufes beim Frequenzwandler nach Abb. 124, jedoch mit abgestuften Sekundärspannungen des Drehstromtransformators.

nungsausschnitte liegen jetzt wie beim Gleichrichter zwischen aufeinanderfolgenden Schnittpunkten der Spannungen. Die zugehörigen Ventile lösen sich in den Schnittpunkten in der Stromführung ab. Dabei ist aber auch hier zu beachten, daß die Ventile für positive Stromrichtung positive Differenzspannung und die für negative Stromrichtung negative Differenzspannung brauchen. Daher müssen die Zündzeitpunkte für die positive Ventilgruppe in der negativen Halbwelle der Einphasenspannung gegenüber den Schnittpunkten etwas vorverlegt werden.

Das Gleiche gilt für die negative Ventilgruppe und die positive Halbwelle. Um der Gleichheit der Halbwellen willen, muß dann aber auch die Zündung in der positiven bzw. negativen Halbwelle verzögert werden. Dadurch entsteht praktisch wieder für jede Gruppe ein gesonderter Stromverlauf, der an anderer Stelle näher betrachtet wird. Der Hüllkurvenumrichter zeigt tatsächlich, abgesehen von dieser Zündwinkeländerung, auf der Drehstromseite nur $1/3$ von der Blindleistung auf der Einphasenseite.

Wenn wir eine Beziehung zwischen dem hier betrachteten Umrichter und dem geregelten Gleichrichter suchen, so können wir folgendes feststellen: Beim geregelten Gleichrichter geht der Zündzeitpunkt beim Übergang vom Gleichrichter — auf Wechselrichterbetrieb vom Schnittpunkt der Phasenspannungen S_1 bis nahe an S_2. Wenn wir beim Steuerumrichter die Lieferung der positiven Stromhalbwelle betrachten, so verschiebt sich der Zündzeitpunkt von Zündung zu Zündung von S_1 nach S_2 und zurück. Hier schwankt daher sozusagen die Betriebsweise zwischen Gleichrichter und Wechselrichterbetrieb und dementsprechend wird sowohl Energie entnommen als auch zurückgeschickt. Für die negative Stromhalbwelle gilt das Gleiche.

An Hand von Abb. 126 oben können wir auch feststellen: Wir hatten beim geregelten Gleichrichter gesehen, daß bei Stromentnahme in der Mitte zwischen S_1 und S_2 die Blindleistungsaufnahme aus Drehstromnetz am größten ist, diese aber bei Zündung nach S_1 und S_2 hin verschwindet.

Wenn nun die Belastung auf der Einphasenseite rein ohmsch ist — positive Halbwelle der Spannung und des Stromes gleichlaufend — werden die Spannungsausschnitte nahe an S_1 in Anspruch genommen; die Blindleistung ist daher klein. Ist aber der Strom der Spannung um 90° nacheilend, so werden hauptsächlich Spannungsausschnitte im Mittelbereich in Anspruch genommen; die Blindleistung ist groß.

Beim Hüllkurvenumrichter liegen die Spannungsausschnitte in ihrer Lage fest und sie sind so gewählt, daß wenigstens theoretisch bei rein ohmscher Einphasenlast keine Blindleistung auf der Drehstromseite entsteht. Denn wenn die Ausschnitte auch nicht vollständig auf die Kuppen der Phasenspannungen fallen, so gleichen sich doch die Verschiebungen in voreilendem und nacheilendem Sinne hinsichtlich der Blindleistung aus. Bei 90° nacheilendem Einphasenstrom, ist hier die Blindleistung gering, weil der Hauptbereich der positiven Stromhalbwelle auf die kleinste der Phasenspannungen entfällt.

Wenn auch die praktische Anwendung der direkten Umrichter auf den Sonderfall der Bahnstromversorgung beschränkt geblieben ist und auch hier nur zu Probeanlagen geführt hat, so zeigt ihre Theorie doch besonders eindrucksvoll den Zusammenhang zwischen umlaufender Kollektormaschine und Stromrichteranlage, um die wir uns in diesem Buch bemühten.

D. ANHANG

12. Messungen an Stromrichtern

Für die Messung von Strom, Spannung und Leistung auf der Drehstromseite oder Gleichstromseite eines Stromrichters werden die üblichen Meßinstrumente verwendet. Dabei ist der Oberschwingungsgehalt von Strom und Spannung zu beachten. Wir wollen hier nur Messungen behandeln, die darüber hinaus charakteristisch für den Stromrichter sind und beschränken uns dabei auf Gasentladungsventile.

Das wichtigste Kennzeichen für das Stromrichtergefäß ist der mittlere Spannungsabfall in der Stromführungszeit. Beim Trockenelement spricht man von dem inneren Widerstand, bei Gasentladungsgefäßen von dem Brennspannungsabfall. An dem Verlauf der Spannung an einem Ventil nach Abb. 24 unten sehen wir, daß die Messung des Brennspannungsabfalles schwierig ist, da außerhalb der Stromführung die Spannung relativ hohe negative Werte annimmt, die Messung sich aber auf die Stromführungszeit beschränken soll, wo die Spannung relativ klein ist.

Es sind eine Reihe von Schaltungen für die Messungen der Brennspannung
vorgeschlagen worden. Wir wollen uns hier auf zwei charakteristische Beispiele beschränken: Die oszillographische Messung und die wattmetrische
Messung.

Das Prinzip der oszillographischen Methode zeigt Abb. 130. Wenn wir den
Oszillographen direkt an Anode und Kathode des Stromrichters anschließen
würden, müßte seine Empfindlichkeit infolge der hohen negativen Spannungen

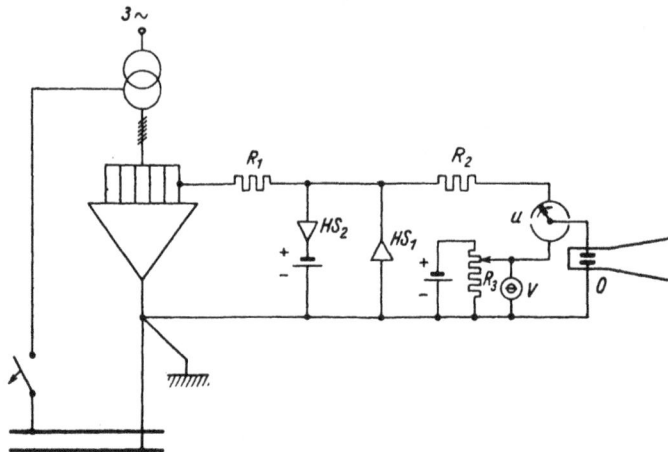

Abb. 130. Schaltung zur Messung des Brennspannungsabfalles mit
Kathodenstrahloszillographen.

wesentlich herabgesetzt werden, so daß die Messung zu ungenau würde. Um
dies zu vermeiden, wird die negative Spannung vor dem Oszillographen durch
einen Hilfsstromrichter HS_1 abgeschnitten. Ein Vorwiderstand R_1 begrenzt
den Strom über HS_1.

Bei geregelten Stromrichtern kann auch die positive Spannung vor der Zündung sehr groß werden, daher dient ein zweiter Hilfsstromrichter HS_2 in Reihe
mit einer Vorspannung zum Abschneiden positiver Spannungen, die wesentlich größer als die Brennspannung sind. Die Vorspannung ist etwas größer
als die Brennspannung und da HS_2 erst bei Spannungen Strom führt, die
größer als die Vorspannung sind, so wird die Brennspannung ungehindert
durchgelassen.

Außer der so begrenzten Spannung wird an den Oszillographen über den umlaufenden Umschalter U abwechselnd eine Vergleichsspannung gelegt, die
am Widerstand R_3 eingestellt werden kann und gemessen wird. Man erhält
dann am Oszillographen O — hier als Kathodenstrahloszillographen angenommen — gleichzeitig die Brennspannung und die Vergleichsspannung.
Diese wird so eingestellt, daß sie sich mit der mittleren Brennspannung deckt.
Dann kann am Spannungsmesser V die Brennspannung abgelesen werden.
Der Aufwand, den die oszillographische Methode erfordert, beschränkt sie

auf Prüffeldbetrieb und läßt sie nicht geeignet erscheinen, für Messungen auf Anlagen im praktischen Betrieb. Hierfür ist die wattmetrische Methode geeignet, die hier in der von U. Lamm angegebenen Form beschrieben sei. Nur bei verhältnismäßig kleinen Strömen kann der Ventilstrom dem Wattmeter direkt zugeführt werden. Man mißt dann die Verlustleistung des Ventils und teilt diese durch den gleichzeitig zu messenden mittleren Ventilstrom und erhält damit die mittlere Brennspannung. Das wäre bei Nullpunktschaltungen dasselbe, als ob man die Verlustleistung aller Ventile durch den gemeinsamen Gleichstrom teilt.

Bei großen Ventilströmen muß das Wattmeter über einen Stromwandler angeschlossen werden, wie in der Schaltung nach Abb. 131. Da der Ventilstrom, wie uns Abb. 60 veranschaulicht, einen einseitig rechteckigen Verlauf hat, so ist die Übertragung über einen Stromwandler nicht ohne weiteres möglich. Es würde auf der Sekundärseite nur der Wechselanteil des Stromes erscheinen und der Wandler in Sättigung geraten. Man kann das vermeiden, indem man zwei um 180° verschobene Anodenströme primär durch den Wandler schickt, nach Abb. 132 links. Das setzt aber vollkommen gleiche Anodenströme voraus. Es kann aber auch ein

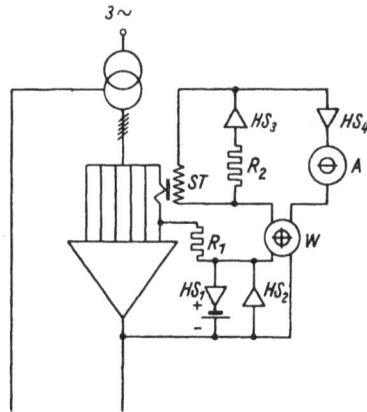

Abb. 131. Schaltbild zur Messung des Brennspannungsabfalles mittels Wattmeter.

Anodenstrom über *einen* Wandler gemessen werden, wenn auf der Sekundärseite des Wandlers eine Stromverzweigung über Hilfsventile nach Abb. 132 mitte vorgenommen wird.

Man kann diese Schaltung an Hand des Ersatzschaltbildes rechts verstehen. Hier ist der Wandler ersetzt durch seine Querinduktivität, unter Vernachlässigung der Streuinduktivitäten. Der Strom auf der Sekundärseite stellt sich nun so ein, daß an der Querinduktivität eine reine Wechselspannung liegt. So entsteht beim normalen Wandler, wenn er primär einen Ventilstrom führt, sekundärseitig ein Ausgleichsstrom, der den übertragenen Ventilstrom zu einem Wechselstrom ergänzt. Der Ausgleichsstrom ist annähernd ein negativer Gleichstrom. Die Schaltung sieht nun vor, daß durch die entgegengesetzt geschalteten Hilfsventile HS_4 und HS_3 für positive und negative Stromrichtung je ein besonderer Stromweg geschaffen wird, und zwar für die negative Richtung über den relativ hohen Widerstand R_2. Positive Stromrichtung heißt hier positiv im Sinne des übertragenen Ventilstromes. Dadurch wird erreicht, daß der

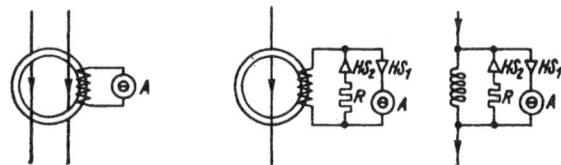

Abb. 132. Schaltbild zur Messung eines Ventilstromes mittels Stromwandler.

Ausgleichsstrom, der ja in der Hauptsache über R_2 fließen muß, klein ist, denn an R_2 kann jetzt ein kleiner Ausgleichsstrom einen Spannungsabfall bedingen, der den Ausgleich zur reinen Wechselspannung an der Querinduktivität bildet.

Auf diese Weise gelingt es, im Strompfad über HS_4 einen Strom zu gewinnen, der annähernd dem übertragenen Ventilstrom gleich ist. (Der Ausgleichs-strom schwächt sozusagen auch etwas den über-tragenen Strom, da er während der Stromführung von HS_4 hinüberfließen kann.) Der so gewonnene Strom wird in der Schaltung nach Abb. 131 dem Wattmeter zugeführt, dessen Spannungsspule an die Ventilspannung angeschlossen ist, über eine An-ordnung zur Unterdrückung hoher Spannungen, wie für Abb. 130 oben beschrieben. Abb. 133 zeigt noch eine andere Möglichkeit der Messung eines Anodenstromes über einen fremderregten Wandler mit Spezialeisenkern. Der über Hilfsventile ver-zweigte Wechselstrom gibt in dem Zweig mit Strommesser ein getreues Abbild des Ventilstromes, wobei durch die Ein-stellung des Drehreglers erreicht wird, daß der negative Strom in den Bereich des Ventilstromes fällt.

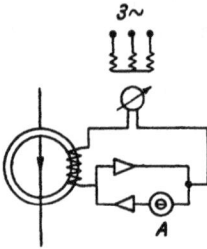

Abb. 133. Schaltbild zur Messung eines Ventilstromes mittels fremderregten Strom-wandlers.

Fremderregte Spezialstromwandler bieten auch in der Anordnung nach Abb. 134 die Möglichkeit, Gleichströme zu messen, wenn bei hoher Spannung oder hohen Strömen eine Messung mit Nebenwiderstand nachteilig ist. Wie die Abbildung zeigt, wird der Gleichstrom so durch die Stromwandler geführt, daß die Ringkerne gegensätzlich magnetisiert werden. Dabei entsteht auf der Wechselstromseite ein rechteckiger Strom, wobei die Höhe des Stromes der Gleichstrommagnetisierung entspricht bzw. dem übertragenen Gleichstrom. Die Brennspannung ist ein Anteil des inneren Spannungsverlustes im Strom-richter, der sich durch Aufnahme der Stromspan-nungskennlinie von Leerlauf bis Vollast nicht er-fassen läßt, da er weitgehend stromunabhängig ist. Diese Kennlinie erfaßt daher nur die anderen An-teile, die Abb. 73 zeigte.

Abb. 134. Schaltbild zur Mes-sung eines Ventilstromes mit fremderregtem Doppelstrom-wandler.

Die direkte Wirkungsgradbestimmung einer Strom-richteranlage durch Messung der abgegebenen Lei-stung ist verhältnismäßig ungenau, wie bei elek-trischen Anlagen überhaupt. Genauer ist die Be-stimmung durch Messung der Einzelverluste. Außer der oben beschriebenen Messung der Ventilverluste und der Verluste in den Hilfskreisen ist die Messung der Verluste in den Stromrichtertransformatoren wichtig.

Die Leerlaufverluste werden in der üblichen Weise gemessen. Die Kurzschluß-verluste können aber nicht bei Kurzschluß der Stromrichteranlage bestimmt werden, weil die Stromform im Kurzschluß, wie später gezeigt, eine ganz andere als im Normalbetrieb ist und demgemäß auch die Stromverteilung anders als im Normalbetrieb. Andererseits gibt auch der Kurzschluß für den Transformator allein keine mit dem Stromrichterbetrieb übereinstimmenden Werte, weil hier die Ströme auf Primär- und Sekundärwicklung nicht gleichmäßig verteilt sind. Daher wird in VDE 555 § 28 zwar der Kurzschlußversuch des Transformators vorgeschrieben, es werden zugleich aber Zuschläge zu den Meßwerten angegeben, die den Gleichrichterbetrieb berücksichtigen.

Die Messung des Brennspannungsabfalles ist bei Gasentladungsventilen außer im Hinblick auf den Gesamtspannungsabfall auch für die Beurteilung der Belastungsgrenze wichtig. Da es sich dabei um Prüffeldmessungen handelt und es auf den Verlauf der Brennspannung ankommt, wird die oszillographische Methode bevorzugt. Man muß zwischen Dauerbelastungsgrenze und Kurzbelastungsgrenze unterscheiden. Bei Dauerbelastung fängt an der Belastungsgrenze der mittlere Brennspannungsabfall unverhältnismäßig zu steigen an und beginnt vom nahezu rechteckigen Verlauf nach Abb. 70 abzuweichen, indem in der Mitte des Rechtecks die Erhöhung beginnt. Bei Kurzbelastung oder kurzzeitiger Überbelastung zeigen sich an der Grenze im Brennspannungsverlauf starke Unregelmäßigkeiten, die schließlich zum Aussetzen der Stromführung und zu Überspannungen führen.

Wesentlich zur Beurteilung der Belastungsgrenze eines Gasentladungsgefäßes ist ferner der Rückstrom. Dieser wird gemessen in der Schaltung nach Abb. 135. Man schaltet in Reihe mit der zu untersuchenden Anode ein Ventil S_1, das durch den Schalter P überbrückt werden kann. Für den Rückstrom wird ein gesonderter Stromweg über das Hilfsventil S_2 geschaffen. In diesem Zweig kann entweder der mittlere Strom mit dem Meßinstrument gemessen werden oder aber der Spitzenwert mit einem Spitzenmeßgerät,

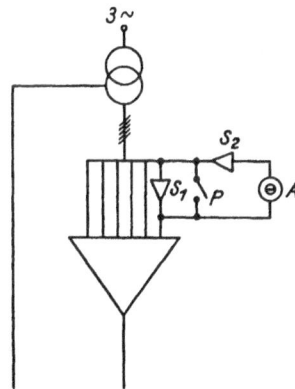

Abb. 135. Schaltbild zur Messung des Rückstromes eines Ventiles.

oder auch der Verlauf des Rückstromes oszillographiert werden. Die Messung geht so vor sich, daß zunächst mit geschlossenem Schalter P das Gefäß „warm gefahren" wird. Dann wird zur Messung kurzzeitig der Schalter geöffnet. Der Hauptstrom fließt dann über S_1. S_1 ist ein einanodiges Ventil für große Stromstärken. Die Sperrspannungsbeanspruchung von S_1 ist gering, denn es liegt in der Sperrzeit nur der geringe Spannungsabfall im Meßzweig daran. Für den Rückstrom genügt ein kleines Hilfsventil S_2, das hauptsächlich die Aufgabe hat, während der Stromführungszeit von S_1 den Meßzweig zu sperren gegen den Strom, den die Brennspannung an S_1 über den Meßzweig zur Folge hätte.

Die Messung ergibt im normalen Belastungsbereich einen geringen Anstieg des Rückstromes mit steigender Belastung. An der Belastungsgrenze steigt der Rückstrom steil an. Derartige Rückstrom-Belastungsstromkennlinien werden auch benutzt, um den Einfluß der Kühlung auf Gasentladungsgefäße zu beurteilen.

Abschließend sei noch auf die Messung der Welligkeit von Strom und Spannung eingegangen.

Wir haben gesehen, daß die gleichgerichtete Spannung geglättet werden kann durch Glättungsdrossel und Querkreise. Um den Grad der Glättung beurteilen zu können, müssen die restlichen Oberschwingungen gemessen werden. Die einfachste Messung ist die der überlagerten Wechselspannung, wie sie von allen Oberschwingungen insgesamt gebildet wird. Nach Abb. 136 schließt man hierzu einen Spannungsmesser für Mittelfrequenz über einen Kondensator an die gleichgerichtete Spannung nach erfolgter Glättung. Die Glättungsdrossel D und die Querkreise Q sind in Abb. 136 angedeutet. Der Kondensator nimmt den Gleichspannungsanteil auf. Das Verhältnis der auf diese Weise gemessenen überlagerten Wechselspannung zur gleichzeitig gemessenen mittleren gleichgerichteten Spannung (mit Drehspulmeßgerät) ist ein Maß für die Welligkeit.

Zur Beurteilung von Fernsprechstörungen genügt diese Messung nicht. Hierzu muß an Stelle des einfachen Spannungsmessers ein Störspannungsmeßgerät eingeschaltet werden. Dieses erfaßt die einzelnen Oberschwingungen multipliziert mit einer Bewertungsziffer. Von der Gleichrichteranlage können galvanische oder induktive Geräusch-

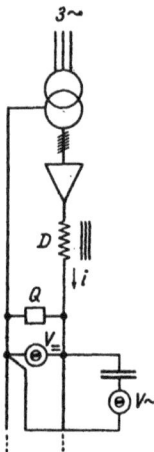

Abb. 136. Schaltbild zur Messung der überlagerten Wechselspannung an den Ausgangsklemmen eines Gleichrichters.

spannungen auf Fernsprech- oder Rundfunkanlagen übertragen werden entsprechend den in der gleichgerichteten Spannung vorkommenden Oberschwingungen bestimmter Frequenzen.

Die Bewertungsziffer berücksichtigt nun die unterschiedliche Empfindlichkeit des menschlichen Ohres für die einzelnen Frequenzen. Folgende Aufstellung gibt die Bewertungsziffer für die in der gleichgerichteten Spannung möglichen Frequenzen an:

Frequenz f	Bewertungsziffer Z
150	0,04
300	0,3
600	0,55
900	1,40
1200	1,30
1500	0,4
1800	0,28

Hierbei erhält die Frequenz 800 die Bewertungsziffer 1 und die höchste Ziffer erhält den Wert 1,9 bei etwa 1050 Hertz (C. C. J. F.-Normen 1938).

Man kann nun die Störspannung auch dadurch bestimmen, indem man die Oberschwingungen einzeln mißt, mit der Bewertungsziffer multipliziert und die Summe aus der Wurzel der Quadrate bildet $U = \sqrt{(Z_1 U_1)^2 + (Z_2 U_2)^2 + \cdots}$. Das Meßgerät zur Messung einzelner Oberschwingungen besteht aus einzelnen Reihen-Resonanz-Zweigen, die wahlweise eingeschaltet werden können und in Reihe mit einem Mittelfrequenz-Milliamperemeter liegen. Die Resonanzwiderstände der Zweige einschließlich des Meßinstrumentes sind so abgestimmt, daß sie alle gleich sind. Dann ist einerseits die Resonanzschärfe, d. h. der Einfluß in der Frequenz benachbarter Oberschwingungen, immer gleich, andererseits ist der Meßbereich für alle Frequenzen gleich und läßt sich durch vorgeschalteten Spannungsteiler beliebig erweitern.

Außer der Bestimmung der Störspannung dient die Einzelmessung der Oberschwingungen auch der Kontrolle der Einstellung der Querkreise. Diese müssen auf Resonanz für die zugehörige Frequenz eingestellt werden, d. h. auf geringsten Widerstand und damit kleinste Spannung am Meßgerät.

Man bezeichnet das Verhältnis der Störspannung zur Gleichspannung als Störfaktor. Dieser hat für einen ungesteuerten sechsphasigen Gleichrichter bei Vollast ($\ddot{u} = 20^0$) den Wert 0,03, ohne Siebung.

Bei ohmscher Belastung stimmt die Welligkeit des Stromes mit der der Spannung überein, bei Gegenspannung im Belastungszweig ist die Welligkeit des Stromes unter Umständen größer, sofern sie nicht durch Induktivitäten herabgesetzt ist. Die Welligkeit des Stromes ist in hohem Maße

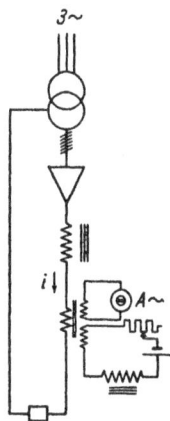

Abb. 137. Schaltbild zur Messung des Oberwellenstromes eines Gleichrichters.

belastungsabhängig, daher wird meist die Spannungswelligkeit vorgeschrieben und gemessen.

Zur Messung der Stromwelligkeit dient nach Abb. 137 ein Stromwandler, dessen Gleichstrommagnetisierung durch eine sekundärseitige Gegenmagnetisierung aufgehoben wird, wobei der Hilfsgleichstromkreis durch eine großen Drossel für die überlagerten Wechselströme gesperrt ist.

Die Untersuchung der Welligkeit auf der Primärseite des Stromrichtertransformators ist nur bei sehr großen Leistungen wichtig und stellt eine Sonderuntersuchung dar, auf die hier nicht näher eingegangen werden soll.

13. Der Stromrichter als Schalter und Regler für Wechselstrom

Neben den drei großen Anwendungsmöglichkeiten für den Stromrichter: Gleichrichter, Wechselrichter und Umrichter, kann der Stromrichter auch für einige Sondergebiete eingesetzt werden, wo regelbare Gasentladungsventile als ruhende und trägheitslose Schalter benutzt werden. Unter diesen Gebieten ist die Regelung und Schaltung von Wechselstrom das wichtigste, da insbesondere hierunter die Kurzzeitschalter für Punkt- und Nahtschweißmaschinen fallen.

In Wechselstromzweigen müssen nach Abb. 138 zwei gegengeschaltete Ventile, S_1 und S_2, eingefügt werden, deren jedes eine Halbwelle des Wechselstroms führen soll. Die Ein- und Ausschaltung und Regelung geschieht nun durch Einstellung der Gitterspannung. Dabei ist zu beachten, daß die Kathoden der Ventile, die den Gitterspannungen dienen, nicht zusammenliegen. Das würde eine Verdoppelung der Gitterschaltung bedeuten. Dies wird vermieden durch Einfügen eines Hilfstransformators mit dem Übersetzungsverhältnis 1 : 1 nach Abb. 138, dessen Primärseite an den Punkten 1 und 3, den beiden Kathoden, liegt und dessen Sekundärseite von den Punkten 4 und 5 zu den Gittern führt. Zwischen den Punkten 6 und 7 kann eine für beide Ventile gemeinsame Gitterspannung eingefügt werden.

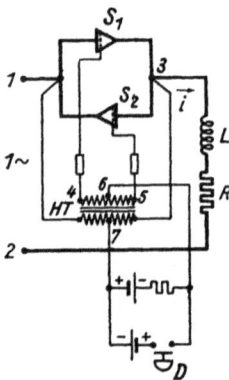

Abb. 138. Schaltbild zur Ein- u. Ausschaltung einer Wechselstrom-Belastung durch gegengeschaltete parallele Ventile.

Um das zu verstehen, denken wir uns die Punkte 6 und 7 miteinander verbunden. Dann erkennt man, daß die Punkte 4 bzw. 5 keine Spannung gegen 1 bzw. 3 haben, denn die Spannung u_{1-7} wird durch u_{6-4} bzw. u_{3-7} durch u_{6-5} aufgehoben. Daher wird jede zwischen den Punkten 6 und 7 eingefügte Gitterspannung für beide Ventile wirksam sein.

In Abb. 138 ist beispielsweise eine feste negative Spannung eingefügt. Dadurch sind die Ventile gesperrt. Durch Schließen der Taste D kann eine positive Spannung eingefügt werden, so daß die Ventile voll durchlässig werden. Es fließt dann der normale Wechselstrom, durch jedes Ventil eine Halbwelle. Dabei läuft anfangs der bekannte Einschaltvorgang ab, je nach dem Einschaltzeitpunkt. Wenn die Taste wieder gelöst wird und die negative Spannung wieder wirksam wird, führt das gerade den Strom führende Ventil diesen noch bis zum Nulldurchgang der Halbwelle.

An Stelle der einfachen Gittergleichspannungen, wie gezeichnet, läßt sich auch zwischen 6 und 7 eine in der Phasenlage verschiebbare Gitterspannung einfügen und damit der Strom, insbesondere der Effektivwert des Wechselstromes, einstellen. Dabei zeigt sich, daß der Zündwinkelbereich bedingt ist durch die Phasenlage des Wechselstromes. Außerdem ist eine Gitterspannung mit breiter positiver Halbwelle notwendig. Die Regelung beginnt, wenn die Nacheilung der Gitterspannung größer wird als die Nacheilung des Stromes und endet, wenn der Nulldurchgang der Gitterspannung am Ende der Halbwelle der Wechselspannung liegt. Ist der Phasenwinkel des Stromes φ, so gilt für den Zündwinkel α bzw. Nulldurchgang der Gitterspannung:

$$\varphi < \alpha < 180^0.$$

Wenn der Zündwinkel kleiner als φ wird, bleibt der volle Wechselstrom unbeeinflußt.

Abb. 139 zeigt als einfach zu übersehendes Beispiel die Verhältnisse bei rein induktivem Verbraucher. Vorwiegend induktiv ist beispielsweise eine Punkt-

schweißmaschine. Wir sehen oben den der Spannung um $\varphi = 90^0$ nacheilen-
den Strom i. Die Gitterspannung läuft dabei etwa mit dem Strom phasen-
gleich. Wenn jetzt die Gitterspannung nach rechts verschoben wird, $\alpha > \varphi$,
nimmt der Strom ab. Er hat beispielsweise
für $\alpha = 120^0$ den Verlauf in Abb. 139 in
der Mitte, entsprechend der Kuppe des
vollständigen Stromes oben. Der Strom
lückt, die Ventilströme lösen sich nicht
ab. Es handelt sich um ein in jeder Halbperiode erneutes Einschalten.

Wenn andererseits der Zündwinkel unter
den Phasenwinkel verringert wird, so
ändert sich der Strom nicht mehr, wenn
die Gitterspannung eine mindestens 90^0
breite positive Halbwelle aufweist. Besteht
aber die Gitterspannung aus einer schmalen
positiven Spitze, die einer negativen Vorspannung überlagert ist, so entsteht beispielsweise ein Strom, wie ihn Abb. 139
unten gestrichelt zeigt. Es arbeitet nur
ein Ventil, das zweite kommt nicht zur
Zündung. Denn wenn der erste Gitter-
impuls bei $\omega t = \alpha$ liegt, so liegt der zweite
bei $\omega t = \alpha + 180^0$; dieser fällt damit in

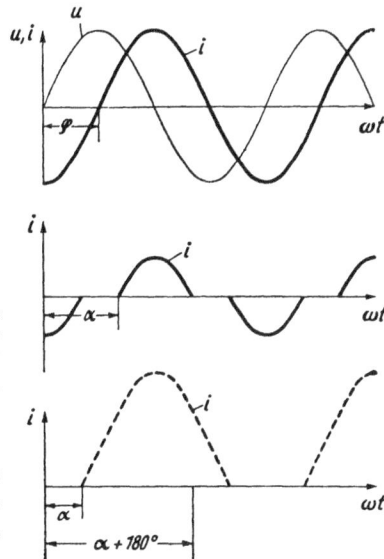

Abb. 139. Stromformen beim Regeln
eines Wechselstromes in der Anordnung
nach Abb. 138.

ein Gebiet, wo das erste Ventil noch stromführend ist, weil der Einschaltvorgang beispielsweise eine Stromführung von 240^0 bewirkt. Nun zeigt uns
aber das Schaltbild, daß die Ventile sich gegenseitig die Spannung abschneiden, so daß das zweite Ventil erst zünden könnte, wenn das erste
gelöscht hat, also bei $\omega t = \alpha + 240^0$. Zu diesem Zeitpunkt fehlt aber die
notwendige positive Gitterspannung. Daher kommt das zweite Ventil nicht zur
Zündung. Daher ist eine Gitterspannung mit schmaler positiver Spitze für
diese Anordnung nicht brauchbar bzw. nur dann, wenn gewährleistet ist, daß
die Phasennacheilung der Spitze niemals kleiner als die des Stromes wird.

Unter Beachtung dieser Gesichtspunkte kann mit Hilfe der Gitterspannung
ein Wechselstrom ein- und ausgeschaltet und geregelt werden.

Einige weitere Gesichtspunkte sind zu beachten, wenn die Ventile einen Transformator vorschalten, auf dessen Sekundärseite die Wechselstrombelastung liegt.
Abb. 140 zeigt als Beispiel die Ventile vor
einer Schweißmaschine.

Zunächst müssen die bekannten Magnetisierungsüberströme beim Einschalten eines
Transformators beachtet werden. Sie können
infolge ihrer hohen Spitzenwerte insbesondere

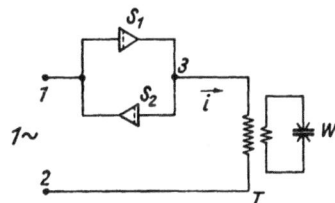

Abb. 140. Anschluß einer Widerstandsschweißmaschine über gegengeschaltete Ventile zwecks kurzzeitiger Einschaltung.

bei Glühkathodenventilen zur Überbeanspruchung der Kathode führen. Um sie zu vermeiden, muß die positive Gitterspannung beim Einschalten möglichst bei $\omega t = 90^0$ liegen. Insbesondere bei ständig wiederholtem Einschalten, wie es beispielsweise bei Punktschweißmaschinen der Fall ist, ist das zu beachten. Man wählt bei diesen Maschinen zum kurzzeitigen Einschalten eine positive Gitterspannung, die im Bereich von $\omega t = 90^0$ einsetzt und zeitlich über soviel weitere Halbperioden ausgedehnt ist, als die gewünschte Schweißzeit betragen soll.

Bei Anwendung der Regelung muß beachtet werden, daß die Zündwinkel in der positiven und negativen Halbwelle genau symmetrisch liegen. Andernfalls entstehen auch Magnetisierungsüberströme. Denn Unsymmetrie der Zündwinkel bedeutet zunächst auch Unsymmetrie der Spannungshalbwellen am Transformator. Das führt zu einseitiger Magnetisierung des Transformators. Die dadurch entstehenden einseitigen Magnetisierungsüberströme bewirken eine Verlängerung der Stromführungsdauer des Ventiles mit dem größeren Zündwinkel bis die Spannung am Transformator wieder eine reine Wechselspannung ist.

Schließlich ist bei dauerndem periodischen Ein- und Ausschalten, wie es bei Nahtschweißmaschinen verlangt wird, der Zündwinkel möglichst auf den natürlichen Phasenwinkel des Stromes zu legen. Der Grund liegt in folgendem: Nehmen wir einmal an, es sollte eine Nahtschweißung durchgeführt werden mit 1 Periode Stromführung und 1 Periode Pause. Zur Veranschaulichung dient Abb. 141. Wir sehen oben die Netzspannung, in der Mitte den Strom und unten die Gitterspannung. Als natürliche Phasenverschiebung des Stromes wird $\varphi = 60^0$ angenommen; wenn die positive Gitterspannungsflanke nun nicht bei $\alpha = \varphi$ einsetzt würde, sondern beispielsweise nacheilt, so würde sich das dahin auswirken, daß die positive Halbwelle des Stromes verringert wird oder die negative Halbwelle vergrößert. Denn die negative Halbwelle ist in ihrem Beginn davon abhängig, wann die positive aufhört. Wenn umgekehrt die Gitterspannung mehr voreilt als gezeichnet, so wird die positive Stromhalbwelle vergrößert, die negative verringert. Beides führt aber zur Abweichung der Transformatorspannung von einer reinen Wechselspannung und damit zu Ausgleichsmagnetisierungsströmen, die die Stromführungsdauer der Stromhalbwellen angleichen.

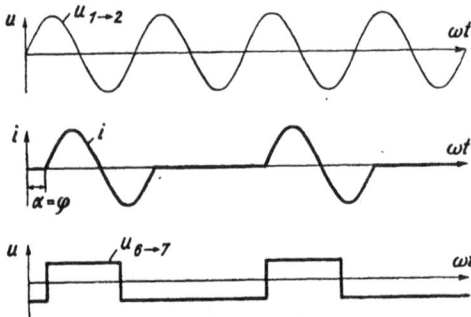

Abb. 141. Netzspannung, Strom und Gitterspannung der Ventile bei einer Nahtschweißmaschine in der Schaltung nach Abb. 140.

Auf die Einschaltüberströme ist bei solchen periodischen Ein- und Ausschalten nur beim *Erst*einschalten zu achten, und zwar deshalb, weil der Transformator sekundärseitig dauernd geschlossen ist, im Gegensatz beispielsweise zur Punktschweißmaschine, wo es sich jedesmal um ein *Neu*-einschalten handelt.

Unter Beachtung dieser Gesichtspunkte sind Gitterspannungskreise entwickelt worden, die folgende Möglichkeiten geben:

1. Willkürliches Ein- und Ausschalten, gegebenenfalls mit einstellbarer Einschaltzeit, z. B. Punktschweißmaschinen,

2. Regelung des Stromes (willkürlich oder selbsttätig), gegebenenfalls durch Teilaussteuerung nach vorbestimmtem Programm irgendeiner Größe der Verbraucher, z. B. die Temperatur eines elektrischen Ofens,

3. selbsttätiges wiederholtes Ein- und Ausschalten des Stromes, z. B. abhängig vom Kontaktthermometer eines elektrischen Ofens oder gegebenenfalls mit einstellbarer Ein- und Ausschaltzeit, z. B. bei Nahtschweißmaschinen,

4. Verbindung der Ein- und Ausschaltmöglichkeiten wie unter 1 und 3 angegeben mit der Regelung nach 2.

Die für die Einhaltung der Ein- und Ausschaltzeit und Regelung dienenden Anordnungen können elektromechanisch oder rein elektrisch sein, doch handelt es sich um Spezialschaltungen, die hier nicht näher betrachtet werden können. Um äußerst kurze Stromimpulse zu erzielen, wird bei Punktschweißmaschinen kleiner Leistung auch nur mit einem Ventil gearbeitet. Wenn wir uns in Abb. 138 und 140 ein Ventil wegdenken, kann auch der Anschluß der Gitterspannung wieder unmittelbar an Kathode und Gitterwiderstand erfolgen. Die Gitterspannung besteht in diesem Falle aus einer negativen Vorspannung, der sich willkürlich ein einmaliger positiver, in der Phasenlage einstellbarer Impuls überlagern läßt. Dadurch erfolgt eine einmalige Zündung des Ventils zu einem einstellbaren Zeitpunkt innerhalb der positiven Halbwelle. Mit Rücksicht auf die Magnetisierungsüberströme darf aber der Zündwinkel nicht zu sehr von 90° nach unten abweichen. Es entsteht dadurch über dem Verbraucher eine einmalige positive Stromhalbwelle von einstellbarer Breite und Höhe. Bei Verwendung eines Transformators kommt dazu noch ein kleiner negativer Ausgleichsstrom, der nach Löschung des Ventiles noch über den Verbraucher weiterfließt und die Transformatorspannung zu einer reinen Wechselspannung ergänzt.

Wir veranschaulichen uns das abschließend an Hand von Abb. 142 und 143. In Abb. 142 ist der Transformator im Ersatzschaltbild wiedergegeben, woraus die Aufteilung des Primärstromes i_1 auf Laststrom i_2 und Magnetisierungsstrom i_3 ersichtlich ist.

Wir nehmen der Einfachheit halber einmal vorwiegend ohmsche Belastung an. Dann entstehen Stromverhältnisse bei einem Zündwinkel von $\alpha = 60°$, die schematisch in Abb. 143 wiedergegeben sind. Wir sehen oben die Wechselspannung der Quelle, darunter die Gitterspannung

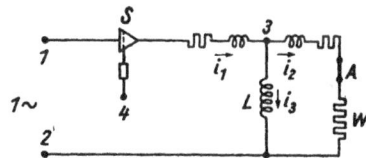

Abb. 142. Ersatzschaltbild einer Widerstandsschweißmaschine, die über ein Ventil ans Wechselstromnetz angeschlossen ist.

mit dem Sprung ins Positive bei $\alpha = 60^0$. Unten ist der Verlauf der drei Ströme angegeben. Der Laststrom i_2 verläuft der Spannung proportional und geht am Ende der Halbwelle ins Negative. Das liegt daran, daß das Ventil erst löscht, wenn der Primärstrom Null wird; dieser setzt sich aus Laststrom und Magnetisierungsstrom zusammen, und da der Magnetisierungsstrom seinen positiven Höchstwert beim Nulldurchgang des Laststromes hat, verläuft dieser weiter, bis sein negativer Wert den Magnetisierungsstrom aufhebt. Durch den Magnetisierungsstrom wird also die Stromführungsdauer verlängert.

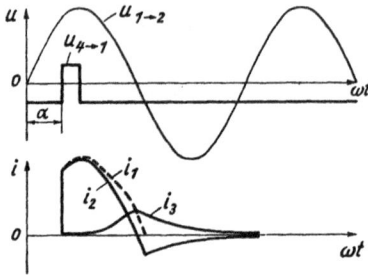

Abb. 143. Netzspannung und Gitterspannung (oben) sowie Ströme (unten) bei einem kurzzeitigen Einschalten in der Schaltung nach Abb. 142 bzw. 140.

Nach Löschen des Ventiles wird der Transformator durch den weiter fließenden Sekundärstrom i_2 weiter magnetisiert: $i_3 = i_2$.

Dieser Strom klingt allmählich ab. Er liefert aber in diesem Zeitabschnitt keinen wesentlichen Anteil zur Belastung.

Durch Verringerung der Aussteuerung lassen sich auf diese Weise äußerst kurzzeitige Stromstöße erzielen, die zur Feinschweißung von Nichteisenmetallen notwendig sind.

14. Zahlenbeispiele

Die Anfang 1945 fast fertiggestellte deutsche *Hochspannungsgleichspannungsübertragung*[1]) (HGÜ) sollte 150A bei 2×220 kV übertragen. Es waren zwei dreiphasige Vollwegschaltungen (Brückenschaltungen) nach Abb. 28 mit ± 220 kV gegen Erde vorgesehen, und je drei einanodige Ventile in Reihe, d. h. insgesamt 36 Ventile. Jede der Brückenschaltungen kann mit einem Drehstromtransformator oder drei Einphasentransformatoren in sekundärer Sternschaltung aufgebaut werden. Die sekundäre Phasenspannung, bedingt dadurch, daß die Brückenschaltung eine Reihenschaltung von zwei Dreiphasengleichrichtern darstellt, ergibt sich zu:

$$u_{1-0e} = \frac{220 \cdot 10^3}{2} \cdot \frac{1}{1,17} \text{ V} = 94 \cdot 10^3 \text{ V}.$$

Dies entspricht einer verketteten Spannung von $u_{1-2e} = 163 \cdot 10^3$ V. Dabei ist für den Gleichrichter volle Aussteuerung angenommen ($\cos \alpha = 1$) und 220 kV als Leerlaufspannung angesehen. Der Strom der Sekundärwicklung der Transformatoren ist:

$$i_{2e} = \frac{150 \cdot \sqrt{2}}{\sqrt{3}} \text{ A} = 122 \text{ A}.$$

---

[1]) Vgl. R. Tröger, ETZ 69, 1948, S. 261.

Die Typenleistung der Transformatoren ergibt sich bei gleicher Stromform primär und sekundär zu:

$$N_{\text{Type}} = 122 \cdot 94 \cdot 10^3 = 11\,500 \text{ kVA}.$$

Es wurde eine Typenleistung von 12000 kVA gewählt und dementsprechend eine Phasenspannung von 98 kV und ideelle Gleichspannung von $u_{mi} = 230$ kV. Die Transformatoren haben eine verhältnismäßig hohe prozentuale Kurzschlußspannung von $u_{K\%} = 12\%$. Dazu kommt noch die prozentuale Kurzschlußspannung des Netzes mit 4%, so daß der induktive Gleichspannungsabfall hoch wird:

$$\Delta u_{mL} = 2 \cdot \frac{i_m}{i_0^*} \cdot u_{1-0e} \cdot \frac{u_{K\%}}{100} \cdot \frac{p}{2\pi} = 2 \cdot \frac{\sqrt{3}}{\sqrt{2}} \cdot 98 \cdot 10^3 \cdot \frac{16}{100} \cdot \frac{3}{2\pi} = 18,4 \cdot 10^3 \text{ V}$$

oder bezogen auf die ideelle Gleichrichterspannung:

$$\frac{\Delta u_{mL}}{u_{mi}} = \frac{18,4 \cdot 10^3}{230 \cdot 10^3} = 0,08.$$

Der gleiche induktive Spannungsabfall bzw. Spannungserhöhung tritt auf der Wechselrichterseite auf. Hierzu kommt noch der ohmsche Spannungsverlust in den Kabeln, der Glättungsdrossel und durch die Kupferverluste der Transformatoren: Es waren zwei Kabel mit 150 mm² Alu von je 115 km Länge vorgesehen. Das ergäbe, wenn eine 220 kV-Gruppe allein arbeitet, für Hin- und Rückleitung einen Spannungsabfall

$$\Delta u_R' = i_m \cdot R = 150 \cdot \frac{2 \cdot 115 \cdot 10^3 \cdot 0,029 \text{ V}}{150} = 6700 \text{ V}$$

oder $\quad \dfrac{\Delta u_R'}{u_{mi}} = 0,029.$

Die Transformatoren mögen 1% Cu-Verluste haben, so daß sich ein Spannungsabfall ergibt:

$$\Delta u_R'' = \frac{6 \cdot 0,01 \cdot 12000 \cdot 10^3}{150} \text{ V} = 4800 \text{ V}$$

oder $\quad \dfrac{\Delta u_R''}{u_{mi}} = 0,021.$

Die Glättungsdrossel war mit je 4 H auf Gleichrichter- und Wechselrichterseite bemessen. Das entspricht einer Einphasentransformatortypenleistung von etwa:

$$N_D \approx \frac{i_m^2 \cdot \omega L}{2\sqrt{2}} \cdot \frac{B_T}{B_D} = 1200 \text{ kVA},$$

wenn wir $B_T/B_D = 1,2$ annehmen (vgl. S. 54), d. h. etwa 10% der Trafotypenleistung. Das ergibt einen zusätzlichen Abfall für beide Drosseln:

$$\Delta u_R''' = \frac{2 \cdot 0,01 \cdot 1200 \cdot 10^3}{150} \text{ V} = 160 \text{ V}$$

oder $\quad \dfrac{\Delta u_R'''}{u_{mi}} = 0,007.$

Wir haben also insgesamt einen bezogen ohmschen Spannungsabfall von:

$$\frac{\Delta u_{mR}}{u_{mi}} = 0,057.$$

Alle Spannungsabfälle zusammen ergeben den bezogenen Wert:

$$\frac{\Delta u_m}{u_{mi}} = 0,22 \quad \text{bzw. den Absolutwert:} \quad \Delta u_m = 50 \cdot 10^3 \text{ V.}$$

Daraus folgt die Leerlaufspannung des Wechselrichters mit:

$$u_{mi} \cdot \cos \gamma = 230 \cdot 10^3 \text{ V} - 50 \cdot 10^3 \text{ V} = 180 \cdot 10^3 \text{ V}$$

oder die Zündverfrühung:

$$\cos \gamma = \frac{180}{230} = 0,78 \quad \text{bzw.} \quad \gamma = \arccos 0,78 = 39^0.$$

Wir haben zu prüfen, wie groß die Eutionisierungszeit δ für die Wechsel-richtergefäße ist. Der Eutionisierungszeit entspricht, wie auf S. 104 gezeigt, die Zündverzögerung *des* Gleichrichters, der spiegelbildlichen Verlauf der Spannung ergibt, für den also gilt:

$$\cos \alpha = \cos \delta$$

und außerdem gilt die Beziehung für die in beiden Fällen gleiche Umschalt-dauer $\ddot{u}$:

$$\gamma = \alpha + \ddot{u} = \delta + \ddot{u}.$$

$\ddot{u}$ ist nun abhängig, wie wir gesehen haben, von dem Stromverhältnis $\dfrac{i_m}{u_{1-2e}/2\,\omega L}$. Dieses hat hier folgenden Zahlenwert: Bei 16% Gesamtkurzschlußspannung und bei Gleichheit der primären und sekundären Ströme für ein Übersetzungs-verhältnis 1 : 1, ist der sekundäre Wechselkurzschlußstrom:

$$i_{2eK} = i_{2e} \cdot \frac{100}{16} = 122 \cdot \frac{100}{16} = 760 \text{ A}$$

sodaß die Beziehung gilt:

$$\frac{u_{1-0e}}{\omega L} = i_{2eK}$$

oder

$$\frac{\sqrt{3}\,u_{1-0e}}{2\,\omega L} = \frac{u_{1-2e}}{2\,\omega L} = \frac{\sqrt{3}}{2} \cdot i_{2eK}$$

oder

$$\frac{i_m \cdot 2\,\omega L}{u_{1-2e}} = \frac{i_m}{\dfrac{\sqrt{3}}{2} \cdot i_{2eK}} = \frac{150}{\dfrac{\sqrt{3}}{2} \cdot 760} = 0,23$$

damit folgt mit der auf S. 105 gegebenen Gleichung für die Entionisierungszeit:

$$\delta = \arccos \left[\cos \gamma + \frac{i_m \cdot 2\,\omega L}{\sqrt{2}\,u_{1-2e}} \right] = \arccos \left[0,78 + \frac{0,23}{\sqrt{2}} \right] = 20^0$$

und damit $\ddot{u} = \gamma - \delta = 19^0$.

Es steht uns also in diesem Falle eine natürliche Entionisierungszeit von $\delta = 20^0$ bei *Vollast* zur Verfügung.

Wenn die Übertragungsleistung und damit der Strom herabgesetzt werden
soll, wird man zunächst bei unverändert voller Aussteuerung des Gleichrichters die Wechselrichtergegenspannung heraufsetzen durch Verringerung
der Zündverfrühung γ. Dadurch nimmt aber auch δ ab und diese Regelung
muß daher begrenzt werden auf einen Wert δ_{min}, der nicht unterschritten
werden darf. (Obige Gleichung für δ sagt aus, daß bei *Vollast* γ immer größer
als 33° sein muß, weil hierfür $\delta = 0$ werden würde.) Man hat dabei wenig
Regelspielraum, wird aber die Zündverfrühung ebenso wie die Zündverzögerung immer möglichst niedrig einstellen, um die Blindleistungslieferung
aus dem speisenden und dem gespeisten Netz möglichst zu beschränken.
Darüber hinaus besteht die Möglichkeit bei konstanter Zündverfrühung
des Wechselrichters den Strom herabzusetzen durch Erhöhung der Zündverzögerung des Gleichrichters und daher Abnahme der treibenden Gleichrichterspannung.
Wir sehen also, daß die Regelung der Übergabeleistung durch Gleichrichter
und Wechselrichterregelung unter Beachtung zweier Anforderungen erfolgt:
Einhalten der zulässigen Entionisierungszeit (Löschwinkelregelung) und Ein-
stellung auf geringsten Blindleistungsbezug (Leistungsfaktorregelung). Diese
Anforderungen sind auch bei Spannungsschwankungen des speisenden und
gespeisten Netzes zu erfüllen.
Darüber hinaus sind noch besondere Regelvorgänge bei Kurzschluß zu beachten
(Katastrophenregelung). Rückzündungen sind durch die Reihenschaltung
dreier Gefäße praktisch ausgeschlossen.
Alle diese Anforderungen bedingen eine verwickelte Steuerschaltung.
Schließlich sei noch eine Nachrechnung des überlagerten Wechselstromes
durchgeführt. Bei $\cos \alpha = 1$ für den Gleichrichter und $\cos \gamma = 0,78$ für
den Wechselrichter ist die überlagerte Wechselspannung des Wechselrichters
maßgebend und beträgt in der Grundwelle mit der Ordnungszahl $n \cdot p = 1 \cdot 6$
und $f = 300$ Hz nach der Zahlentafel auf S. 48 etwa:

$$\frac{u_{we}}{u_{mi}} = 0,16 \quad \text{oder} \quad u_{we} = 230 \cdot 10^3 \cdot 0,16 \text{ V} = 38 \cdot 10^3 \text{ V.}$$

Dieser Spannung entspricht ein Strom, wenn wir die Drosseln als maßgebenden
Widerstand ansehen:

$$i_{we} = \frac{u_{we}}{2 \cdot 6 \cdot \omega L} = \frac{38 \cdot 10^3}{2 \cdot 6 \cdot 314 \cdot 4} \Lambda - 2,5 \text{ A,}$$

d. h. etwa 1,6%. Dieser Wert erhöht sich noch, wenn wir auch die Wechsel-
spannung des Gleichrichters berücksichtigen, wird aber andererseits durch
Berücksichtigung der Umschaltzeit $ü$ herabgesetzt.
Als zweites Beispiel sei die *Regelung eines Gleichstrommotors*, 5 kW, 440 V
für einen Werkzeugmaschinenantrieb gewählt. Die Regelung soll durch
Änderung der Ankerspannung im Verhältnis 1 : 10 bei gleichbleibendem
Drehmoment und durch Schwächung der Felderregung 2 : 1 mit entsprechend
abnehmendem Drehmoment erfolgen. Außerdem sollen $+5$ und -10%
Netzspannungsschwankungen erfaßt werden.

Wir wählen die Schaltgruppe A_2 mit Stern-Stern geschaltetem Transformator, nehmen erfahrungsgemäß eine Kurzschlußspannung von 4,5% und 2% Kupferverluste für Transformatoren der 10 kVA-Typengröße, zuzüglich 1% für die Kathodendrossel. Die für die Berechnung der ideellen Gleichrichterspannung darüber hinaus erforderlichen Verhältniswerte entnehmen wir für die Schaltung C_1 der Zahlentafel am Schluß:

$$\frac{\text{Trafoleistung}}{\text{ideelle Gleichrichterleistung}} = \frac{N_{\text{Trafo}}}{i_m \cdot u_{mi}} = 1{,}35$$

$$\frac{\text{Gleichstrom}}{\text{Netzstrom für Übers. } 1:1} = \frac{i_m}{i_{0e}{}^*} = \frac{1}{0{,}47}$$

$$\frac{\text{Phasenspannung}}{\text{ideelle Gleichspannung}} = \frac{u_{1-0e}}{u_{mi}} = \frac{1}{1{,}17}.$$

Mit diesen Werten ergibt sich nach S. 74:

$$u_{mi} = \frac{440 + 18}{1 - \dfrac{3}{100} \cdot 1{,}35 - \dfrac{1}{0{,}47} \cdot \dfrac{1}{1{,}17} \cdot \dfrac{4{.}5}{100} \cdot \dfrac{3}{2\pi}} = 497 \text{ V.}$$

Diese Spannung muß noch bei tiefster Netzspannung erreicht werden. Die Normalspannung liegt um 10% höher und auch die Spannungsabfälle sind um 10% höher anzusetzen. Daher ergibt sich eine Erhöhung der ideellen Spannung:

$$u_{m \text{ ideell}} = \frac{440 + 18}{1 - 0{,}030 \cdot 1{,}35 \cdot 1{,}1 - \dfrac{1}{0{,}47} \cdot 0{,}045 \cdot \dfrac{1}{1{,}17} \cdot \dfrac{3}{2\pi} \cdot 1{,}1} = 503 \text{ V.}$$

Daraus folgt die tiefste sekundäre Phasenspannung:

$$u_{1-0e}^{*} = u_{1-0e} = \frac{503}{1{,}17} = 430 \text{ V.}$$

Die mittlere und höchste Spannung sind dann 473 V und 494 V. Dazu gehört eine mittlere und höchste ideelle Gleichrichterspannung von $u_{m\text{ideell}} = 554$ V und 580 V. Bei höchster Spannung muß durch die Zündverzögerung eine Ankerspannung bis 44 V einstellbar sein. Dieser Forderung entspricht die Gleichung:

$$580 \text{ V} \cdot \cos\alpha = 44 + \Delta U_B + \Delta U_R + \Delta U_L$$

oder

$$\cos\alpha = \frac{44 + 18 + 23 + 21}{580} = 0{,}18.$$

Für diesen Fall muß die Kathodendrossel bemessen werden, da die überlagerte Wechselspannung hierfür am größten ist. Nach der Zahlentafel S. 48 kann der Verhältniswert für $\cos\alpha = 0$ genommen werden und dann ergibt sich eine Spannung mit $f = 150$ Hz:

$$U_w = 0{,}53 \cdot 584 = 310 \text{ V.}$$

Wenn wir die Forderung aufstellen, daß der Strom bis zu einem Leerlaufstrom von 10% des Vollaststromes lückenlos sein soll, gilt für die Kathodendrossel mit $i_m = 11,3\ A$:

$$\frac{U_w}{3\,\omega L} \leqq 0,1\,i_m \quad \text{oder} \quad \omega L \geqq \frac{U_w}{3 \cdot 0,1\,i_m} = 91\ \Omega.$$

Diesem Wert entspricht eine Einphasentransformatortypenleistung:

$$N_D = \frac{i_m{}^2 \cdot \omega L}{2\sqrt{2}} = 4,00 \cdot 10^3\,\text{VA}.$$

Die Haupttransformatortypenleistung ergibt sich aus der mittleren ideellen Gleichrichterspannung mit dem Faktor 1,35 aus der Zahlentafel:

$$N_T = 554 \cdot 11,3 \cdot 1,35 = 8,5 \cdot 10^3 \cdot \text{VA}.$$

Für die Felderregung wählen wir einen zweiphasigen Gleichrichter nach Bild 47, jedoch gesteuert. Eine Glättungsdrossel ist nicht notwendig, da die Feldwicklung selbst genügende Induktivität hat. Die Wicklung zur Erzeugung der zweiphasigen Spannung wird auf den Haupttransformator gelegt, darum ist die Kurzschlußspannung dieser Wicklung nur etwa gleich dem halben Wert anzusetzen. Ebenso sind etwa die halben prozentualen Cu-Verluste nur auf die Scheinleistung dieser Wicklung allein zu beziehen. Wir schätzen daher die ideelle Gleichrichterspannung des zweiphasigen Gleichrichters unter Verwendung folgender Verhältniswerte ab:

$$\frac{\text{sekundäre Wicklungsscheinleistung}}{\text{ideelle Gleichrichterleistung}} = 1,57$$

$$\frac{\text{Gleichstrom}}{\text{Netzstrom für Übers. 1:1}} = \frac{2}{1}$$

$$\frac{\text{Phasenspannung}}{\text{ideelle Gleichspannung}} = \frac{\pi}{2\sqrt{2}}.$$

Hiermit ergibt sich für ideelle Gleichspannung:

$$u_{mi} = \frac{440 + 18}{1 - 1,57 \cdot \dfrac{2,00}{2 \cdot 100} - 2 \cdot \dfrac{\pi}{2\sqrt{2}} \cdot \dfrac{4,5}{2 \cdot 100} \cdot \dfrac{2}{2\pi}}\,\text{V} = 474\ \text{V}.$$

Daraus folgt eine Wicklungsspannung von

$$2 \times 474 \cdot \frac{\pi}{2\sqrt{2}} = 2 \times 525\ \text{V}.$$

Diese Spannung müßte mit Rücksicht auf die Netzspannungsschwankungen für mittlere Netzspannung noch um 10% erhöht werden auf 577 V.

Mit den Kennwerten in Zahlentafel I und II lassen sich die Ströme errechnen für das Übersetzungsverhältnis 1 : 1.

Hauptwicklung: sekundär $i_{2e} = 0,58 \cdot i_m = 6,6\ \text{A}$
primär für Übers. 1 : 1 $i_{1e}{}^* = 0,47 \cdot i_m = 5,3\ \text{A}$

Für eine Anschlußspannung von 220/380 V ergibt sich ein Primärstrom und Netzstrom:

$$i_{0e} = i_{1e} = 5{,}3 \cdot \frac{473}{220} \text{ A} = 11{,}5 \text{ A}.$$

Die zweiphasige Sekundärwicklung führt einen Strom, wenn der Erregerstrom zu 1 A angenommen wird: $i_{2e}' = 1 \cdot \dfrac{1}{\sqrt{2}} \text{ A} = 0{,}707 \text{ A}.$

Die durch die Belastung dieser Wicklung sich ergebende geringe zusätzliche Erhöhung des Primärstromes sei vernachlässigt.

Zusammenfassend ergeben sich folgende Bestelldaten für den Gleichrichtertrafo und die Drossel.

Drehstromtrafo Schaltgruppe A 2:

primär: 220/380 V 11,5 A

sekundär: 473/820 V 5,3 A

2 × 525 V 0,71 A

Typenleistung: $8{,}5 + 0{,}38 \approx 9$ kVA.

Drossel: $\omega L = 91 \ \Omega \ 11$ A

mit günstigstem Luftspalt Typenleistung etwa 4,0 kVA.

Grundsätzlich besteht die Möglichkeit, den Gleichstrommotor im Wechselrichterbetrieb abzubremsen, wovon man insbesondere bei Antrieben großer Leistung, wie z. B. Fördermaschinenantrieben, Gebrauch macht. Übergang auf Wechselrichterbetrieb bedeutet Wechsel der Energierichtung. Das kann, wie auf S. 100 ff. gezeigt, durch Umkehr der Stromrichtung oder Umkehr der Spannungsrichtung erfolgen. Im ersten Falle muß man einen zweiten Stromrichter für entgegengesetzte Stromrichtung zur Verfügung haben, dessen mittlere gleichgerichtete Spannung in Wechselrichteraussteuerung kleiner ist als die Motorspannung. Im zweiten Falle kann man durch ein Umkehrschütz die Anschlüsse zwischen Motor und Stromrichter tauschen und muß zugleich den Zündwinkel des Stromrichters um $180^{0} \cdot \gamma$ verzögern, wodurch die mittlere gleichgerichtete Spannung negativ wird. Im ersten Falle gewinnt der Stromrichter bei geeigneter Steuerung die Eigenschaften eines Rekord-Umformers. Im zweiten Falle hat man nur ein Gefäß nötig, was für mittlere Antriebsleistungen vorteilhaft ist.

NACHWORT

Im vorliegenden Buch sind bewußt die schwierigeren Berechnungen der Stromrichtertechnik fortgelassen, um einen leicht faßlichen Überblick als Einführung geben zu können. Der Leser sei daher zur weiteren Vertiefung der Stromrichtertechnik auf die Zeitschriften-Literatur verwiesen und auf folgende Bücher, in denen die mathematische Theorie der Stromrichter und die Anwendungen behandelt werden:

Prince und Vogdes, Quecksilberdampf-Gleichrichter, Wirkungsweise, Konstruktion und Schaltung. Deutsch von Gramisch. München und Berlin 1931, Verlag von R. Oldenbourg.

Marti und Winograd, Stromrichter. Deutsch von Gramisch, München und Berlin 1933, Verlag von R. Oldenbourg.

Glaser und Müller-Lübeck, Theorie der Stromrichter. Berlin 1936, Verlag von Julius Springer.

Müller-Uhlenhoff, Elektrische Stromrichter. Braunschweig 1940, Verlag von F. Vieweg.

Hütte II, Abschnitt Stromrichter, bearbeitet von R. Tröger. Berlin 1944, Verlag von W. Ernst.

Ferner sei der Leser auf folgende Bücher und Aufsätze des Verfassers hingewiesen:

Die Gleichrichterschaltungen. Ihre Berechnung und Arbeitsweise. München und Berlin 1938, Verlag von R. Oldenbourg.

Die Wechselrichter und Umrichter. Ihre Berechnung und Arbeitsweise. München und Berlin 1940, Verlag von R. Oldenbourg.

Die Berechnung der elektrischen Verhältnisse in einphasigen selbsterregten Wechselrichtern. Arch. El. XXVII, 1933, S. 22.

Regelung mittels Stromrichtern auf der Primärseite von Einphasentransformatoren kleiner Leistung. Arch. El. XXIX, 1935, S. 33.

Berechnung des Parallelwechselrichters bei ohmscher Belastung. Arch. El. XXIX, 1935, S. 119.

Die Berechnung des einphasigen Reihenwechselrichters bei ohmscher Belastung. Arch. El. XXIX, 1935, S. 459.

Zur Regelung von Gleichstrommotoren über Gittergesteuerte Gleichrichter. Arch. El. XXIX, 1935, S. 622.

Die Stromverhältnisse beim Schalten und Regeln elektrischer Widerstandsschweißmaschinen über Stromrichter. Arch. El. XXXI, 1937, S. 213.

Die Stromverteilung in Drehstromtransformatoren bei ungleichmäßig verteilter Belastung mit Gleichrichterströmen. Elektrotechnik und Maschinenbau 57, 1939, S. 360.

Der Stoßkurzschlußstrom in Gleichrichterschaltungen. E. u. M. 58, 1940, S. 229.

Die Ströme im Sechsphasengleichrichter bei Rückzündungen. E. u. M. 60, 1942, S. 217.

Die Ströme im Doppeldreiphasengleichrichter bei Rückzündungen. E. u. M. 60, 1942, S. 425.

Der gesteuerte Gleichrichter im statischen Kurzschluß. ETZ 70, 1949, S. 203.

Der Leser wird daraus, abgesehen von der Vertiefung der Stromrichtertechnik im einzelnen, erfahren, daß *ein* Problem besondere Schwierigkeiten bietet: Die Behandlung der vollständigen Kennlinie der Stromrichter von Leerlauf bis Kurzschluß. Es wurde im vorliegenden Buch nur der Anfang der Kennlinie betrachtet bei Berechnung des Spannungsabfalles, wie er bei normalem Betrieb vorkommt; dieser ist dadurch einfacher, daß immer nur *zwei* Anoden bzw. Ventile gleichzeitig am Umschaltvorgang beteiligt sind. Die vollständige Kennlinie bis zum Kurzschluß ergibt aber mehrfache Anodenbeteiligung gleichzeitig und schafft daher verwickelte Stromverhältnisse. Ihre Kenntnis ist wichtig im Hinblick auf die Größe des Kurzschlußstromes einerseits und andererseits werden bei Spezialgeräten wie Schweißgleichrichtern oder Bogenlampengleichrichtern Teile dieser Kennlinie betriebsmäßig benutzt, wie an Hand von Bild 96 betrachtet.

Der Leser wird erkennen, daß wir uns hierbei vielfach von der Vorstellung der gleichgerichteten Spannung, die sich aus aneinandergereihten Ausschnitten der sekundären Phasenspannungen zusammensetzt, was die Grundvorstellung des vorliegenden Buches ist, lösen müssen.

Schließlich sei als auf ein Sondergebiet noch auf das der Kleingleichrichter hingewiesen mit Kondensatoren unmittelbar an der Kathode, die einen lückenhaften Kathodenstrom zeigen. Auch hier können wir nicht von einer vorgegebenen gleichgerichteten Spannung ausgehen.

SACHVERZEICHNIS

Auf der gegenüberliegenden Seite:

Abbildung 144. Pumploser Eisengleichrichter (Schematischer Schnitt, Bauart der Sècheron-Werke in Genf).

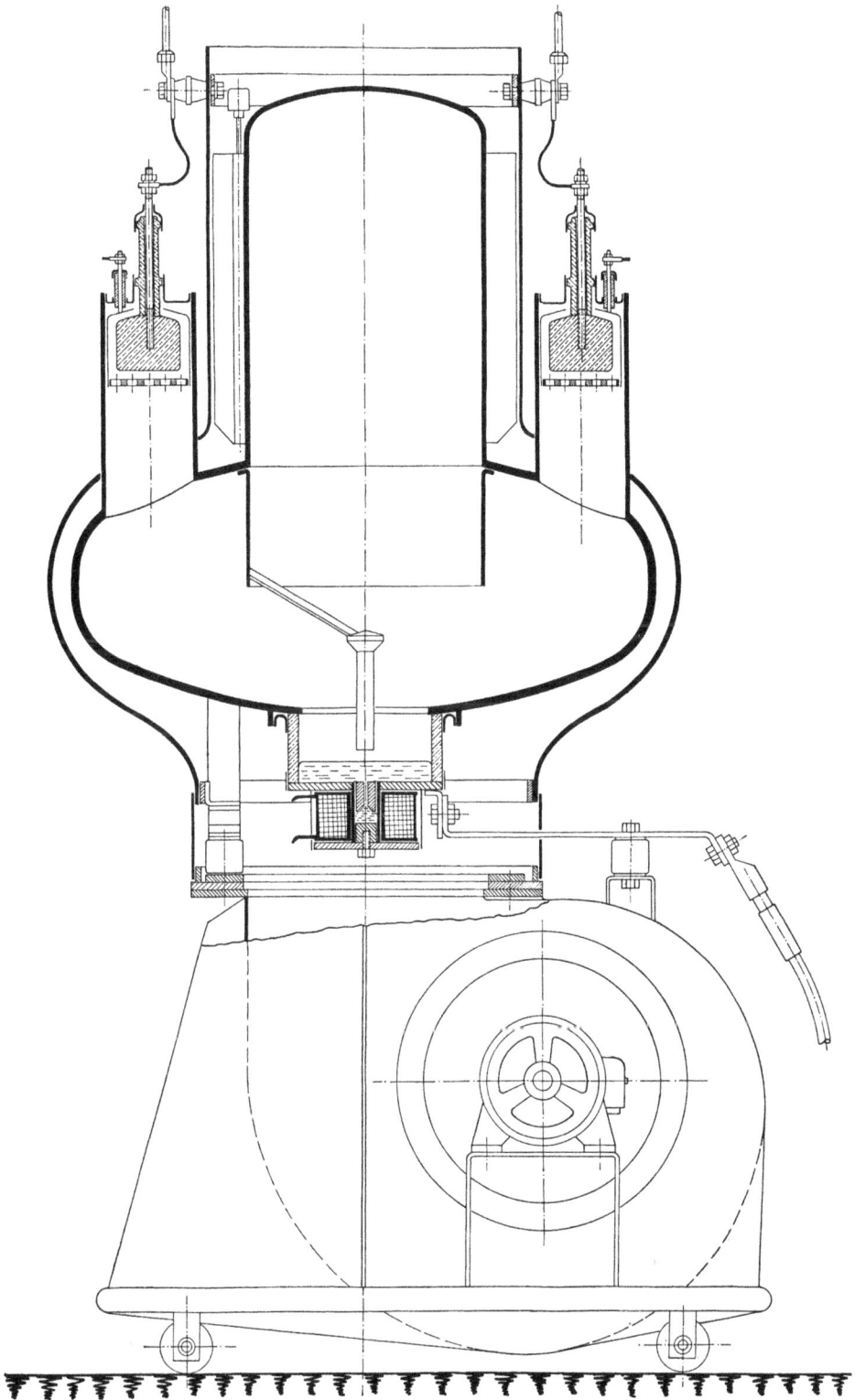

Auf der gegenüberliegenden Seite:

Zahlentafel I. Kennwerte mehrphasiger Halbwellengleichrichter (Siehe auch Zahlentafel II auf Seite 64).

Phasenzahl	Schaltgruppe	Schaltung	Bezeichnung primär	Bezeichnung sekundär	Zeigerbild primär	Zeigerbild sekundär	Schaltungsbild primär	Schaltungsbild sekundär	sek
I. Dreiphasen - Gleichrichterbetrieb	C	C1	Dreieck	Stern					0,
	A	A2	Stern	Stern					
		A3	Dreieck	Zickzack					
	C	C3	Stern	Zickzack					
II. Sechsphasen - Gleichrichterbetrieb	S	S1	Dreieck	Doppelstern					0,
		S2	Stern	Doppelstern					—
		S3	Dreieck	Doppelstern m. Saugdrossel					0,
		S4	Stern	Doppelstern m. Saugdrossel					
		S5	Dreieck	Doppelstern m. Saugdrossel (mehrfach parallel)					0,
		S6	Stern	Doppelstern m. Saugdrossel (mehrfach parallel)					
		S7	Dreieck	(Gabel)					0,
		S8	Stern	(Gabel)					
III. Zwölfphasen - Gleichrichterbetrieb	Z	Z1	Dreieck	Zickzack m. Saugdrossel (mehrfach parallel)					0,
		Z2	Stern	Zickzack m. Saugdrossel (mehrfach parallel)					
		Z3	Stern und Dreieck	Doppelstern m. Saugdrossel (mehrfach parallel)					

[1]) Ströme bezogen auf den Gleichstrom für ein Übersetzungsverhältnis 1 : 1 der verketteten Spannungen gemäß
ideelle Gleichrichterleistung. [4]) Für die Sternpunktswicklung gilt der Wert 0,58. [5]) Höchste Sperrspannung:

1)

netzseitig	Gleichspannung ²⁵⁾	Scheinleistung ³⁾			Stromverlaufbilder	
		sekundär	primär	mittlere	sekundär	netzseitig
0,47	1,17	1,48	1,21	1,35	60 c	66 b
"	"	"	"	"	"	66 a
"	"	1,71	1,21	1,46	"	"
"	"	"	"	"	"	66 b
"	1,35	1,81	1,28	1,55	60 d	61
—	—	—	—	—	—	—
0,41	1,17	1,48	1,05	1,26	60 g	64
"	"	"	"	"	"	63
"	"	"	"	"	60 h	64
"	"	"	"	"	"	63
0,47	1,35	1,79	"	1,42	60 d	62
"	"	"	"	"	"	61
0,39	1,17	1,65	1,01	1,33	60 h	65 a
"	"	"	"	"	"	"
0,41	"	2 x 0,74	2 x 0,53	2 x 0,63	"	65 b

²⁾elle Gleichspannung bezogen auf die effektive sekundäre Phasenspannung. ³⁾ Scheinleistung bezogen auf die
…ng. ⁶⁾ Nach VDE 0555, Änderungsvorschlag 1940.

BBC-Stromrichterbau

Hochstromgleichrichteranlage für 100 000 kW, 24 Gleichrichter je 5000 A bei 800 V.

www.ingramcontent.com/pod-product-compliance
Lightning Source LLC
Chambersburg PA
CBHW081226190326
41458CB00016B/5691